图4 大棚开沟种植方法

图5 露地遮阳网下的姜苗

图6 小拱棚下的姜苗

图7　畦田覆盖稻草

图8　被姜瘟病原细菌为害的植株、根茎

图9　被白绢病菌为害的植株、根茎

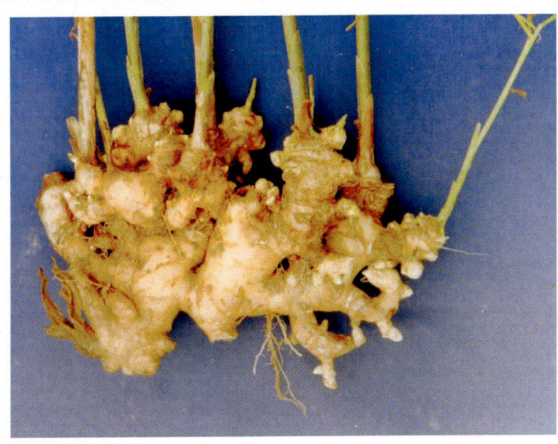

图10　被丝核菌病菌为害的植株、根茎

图11　被斑点病菌为害的叶片

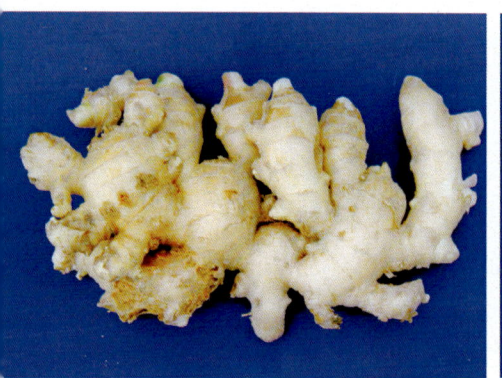

图12 被线虫为害的根茎

图13 姜种的厢框贮藏

图14 商品姜的包装

"姜王"是这样种姜的
——姜的丰产栽培技术

主　编　韦春爱
编　者　杨占国　韦秋文　苏庆春
　　　　黄玉成　黄玉群　黄玉青
　　　　覃志标　覃晓虹　杨　红

科学技术文献出版社
·北京·

(京)新登字 130 号

内 容 简 介

本书是广西武鸣县种姜专业户、人称"姜王"的韦春爱 19 年种姜经验的总结,书中姜的种植技术都是作者从多年种姜成功与失败中总结出的经验,作者认为姜的高产栽培是建立在优良姜种基础上的,书中着重介绍了姜的生物学特性,生长与环境因素的关系,姜地的选择,姜种的培育,姜的栽培方式及管理方法,病虫害防治,以及贮藏、加工等技术。本书可供广大姜农、农村基层干部、农业科技人员阅读参考。适合农家书屋选配。

科学技术文献出版社是国家科学技术部系统惟一一家中央级综合性科技出版机构,我们所有的努力都是为了使您增长知识和才干。

前　言

姜是我国大部分地区都有种植的蔬菜作物，近年来随着农业种植结构调整步伐的加快和种植效益的吸引，种植面积逐年增加，现已成为农村重要的经济作物之一。

目前，我国种姜业还处于比较落后状态，很多姜农都是采用古老传统的方法种植，种出来的产品大多数不符合市场需求，而有些有技术的姜农又不愿把自己的技术传授给别人。

本人（今年50岁）自1992年开始种姜至今已有19年，刚开始种植时，由于没有种植和贮藏技术，冬季把收获的姜全用泥沙埋藏起来，第二年春季温度回升后，姜块发芽、姜堆温度升高，使大量姜块腐烂，损失严重。从此觉得要种姜没有技术、光蛮干不行，就自学了"植物及植物生理学"、"植物及植物病理学"、"植物栽培学"、"土壤学"、"土壤微生物学"、"肥料学"等相关农业知识，把学到的知识应用到姜的种植上，在种植生产中不断总结经验，摸索出一套高产栽培技术，使鲜姜亩产量由原来的1000～1500千克提高到3000～3500千克。而且由于根茎产品质量好，在市场上有很强的竞争力，被周围群众称为"姜王"。很多种植户要求把种植技术传授给他们，于是我对自己19年来的种植经验进行了总结，编写了本书。书中介绍的种姜技术都是我从多年成功与失败中总结的经验，比如姜的高产栽培要建立在优质姜种基础上，姜地的选择，姜种的培育,姜的栽培方式及管理方法,病虫害防治等,都是我摸索出的经验,如果姜农不掌握好这些技术,种姜很难获得成功。

书中图片由韦廷芳老师拍摄,杨占国老师为我补充了其他地区种植生姜的一些方法,本书在成稿过程中还得到了韦秋文、苏庆春、黄玉成、黄玉群、黄玉青、覃志标、覃晓红同志的大力支持,在此一并表示感谢。由于本人文化水平较低,书中的缺点和错误敬请广大读者批评指正,不胜感激。

韦春爱

2010年1月于广西武鸣

目　　录

第一章　概述 …………………………………………（1）

第一节　姜种植的优势…………………………………（1）
第二节　姜的分类………………………………………（3）
第三节　姜的植物学特性………………………………（5）
　一、姜的形态特征……………………………………（5）
　二、生长发育周期……………………………………（8）
　三、姜生长对环境因素的要求………………………（9）
第四节　姜的主要栽培品种……………………………（11）

第二章　姜引种与种植准备 …………………………（20）

第一节　姜的引种………………………………………（20）
　一、姜引种的原则……………………………………（20）
　二、引种的方法………………………………………（21）
第二节　姜用肥料的准备………………………………（22）
　一、姜的需肥特点……………………………………（23）
　二、姜用肥料的种类及施用方法……………………（23）
第三节　姜种的处理……………………………………（26）
　一、壮芽的形态及其影响因素………………………（27）
　二、培育壮芽的方法…………………………………（27）

第三章　姜的栽培方式及管理 ·········· (34)

第一节　姜的露地丰产栽培技术 ·········· (34)
　　一、商品姜的露地栽培 ·········· (34)
　　二、姜种的培育 ·········· (60)
第二节　姜保护地丰产栽培技术 ·········· (67)
　　一、地膜覆盖栽培 ·········· (68)
　　二、小拱棚栽培 ·········· (70)
　　三、塑料大棚栽培 ·········· (73)
第三节　脱毒姜高产栽培技术 ·········· (79)
第四节　轮作与间作套种技术 ·········· (83)
　　一、轮作与茬口安排 ·········· (83)
　　二、间作套种栽培技术 ·········· (85)
第五节　姜种植的月份管理 ·········· (103)

第四章　姜病、虫、草害的防治 ·········· (106)

第一节　姜病、虫、草害综合防治 ·········· (106)
第二节　姜种植中病、虫、草害的识别与防治 ·········· (109)
　　一、病害的防治 ·········· (109)
　　二、虫害的防治 ·········· (124)
　　三、草害的防治 ·········· (135)

第五章　姜的贮藏与加工 ·········· (137)

第一节　姜的贮藏 ·········· (137)
第二节　包装运输 ·········· (146)
　　一、姜等级规格 ·········· (146)
　　二、包装 ·········· (147)
　　三、运输 ·········· (147)

第三节 姜的加工 ………………………………… (147)
　一、干姜片的加工 ………………………………… (148)
　二、白糖姜片的加工 ……………………………… (148)
　三、姜粉的加工 …………………………………… (149)
　四、腌姜的加工 …………………………………… (150)
　五、酱生姜的加工 ………………………………… (150)
　六、五味姜的加工 ………………………………… (151)
　七、糖醋姜的加工 ………………………………… (152)
　八、蜜制姜丝的加工 ……………………………… (153)
　九、姜辣酱的加工 ………………………………… (154)
　十、酸姜的加工 …………………………………… (154)
　十一、葱酥姜的加工 ……………………………… (155)
　十二、糖梅姜的加工 ……………………………… (155)
　十三、冰姜的加工 ………………………………… (157)
　十四、风味姜泡菜的加工 ………………………… (158)
　十五、出口干姜块（片）的加工 …………………… (159)
　十六、生姜油的加工 ……………………………… (160)

附录 ………………………………………………… (162)
　附录一　姜生产栽培技术规程（山东莱芜）……… (162)
　附录二　姜生产施肥技术规程（山东莱芜）……… (168)

参考文献 …………………………………………… (172)

第一章 概 述

姜又名生姜、黄姜，为姜科姜属的多年生宿根草本植物，以地下肉质根茎供食用。姜含有辛香浓郁的挥发油和姜辣素，不仅是人民生活中不可缺少的调味蔬菜，而且是医药、化工及食品工业的重要原料。近年来，随着农业种植结构调整步伐的加快和种植效益的吸引，种植面积迅速扩大。目前生姜生产已成为种植业中见效快、商品率高、经济效益好的一个优势行业，成为农民致富的重要途径之一。

姜在我国不仅有悠久的种植历史，而且分布很广，除东北、西北等高寒地区外，中部、南部诸省均有种植。南方以广东、浙江、广西栽培较为普遍，北方则以山东为主要产区。在河北、山西、河南、陕西等地也有种植。

第一节 姜种植的优势

近年来生姜生产成为种植业中商品率高、见效快、经济效益好的一个优势行业，主要有以下几个方面原因。

1. 产量高，成本较低，经济效益好

姜种植具有成本低、产量高、经济效益好等特点，种植一亩姜，用种姜300～400千克，再投入一定量的化肥、农药费，播种后70～90天可以回收老姜220～280千克，南方成熟后亩产鲜姜一般为2500～3000千克，高产田块亩产鲜姜可达4000千克以上；在华北南部地区中等肥力的土壤一般每亩可产鲜姜2500千克,丰产田块可产鲜姜3000~4000千克或以上。

种植生姜与其他蔬菜作物相比,用种量较多,表面看起来投资大,成本高,而实际上栽培生姜成本并不高,因为种姜可以作为产品回收。

2. 管理简便,容易种植

姜对气候、土壤等环境条件适应性很强,田间管理用工较少,病虫害较少,田间管理比较简便。

3. 营养丰富

姜产品除含有碳水化合物、蛋白质、多种维生素及矿物质外,还有多种芳香物质组成的挥发油,因而具有特殊的香辣味。

姜的营养价值很高。每100克姜中含粗蛋白7.98~10.04克,脂肪0.7克,纤维素3.8~5.95克,淀粉4.16~8.88克,可溶性糖2.55~8克,维生素C 9.81~16.74毫克,挥发油0.19~0.25毫升,还含有钙、磷、铁等矿物质和少量的核黄素等。姜的辣味成分为姜辣素(姜酚)、姜酮和姜烯酚,姜酚和姜烯酚为油状液体,姜酮是一种晶体。姜的挥发油成分是姜醇、姜烯、水茴香烯、龙脑和桉油精等。

4. 用途广

生姜的用途很广,它是一种集调味品、食品加工原料和药用为一体的多用途蔬菜。作为调味佐料,它有除腥、去膻、去臭的作用;作为食品加工原料,它可以加工成姜片、糖姜、冰姜、醋姜、糟姜、桂花姜、酱渍姜、干姜、姜粉等,还是提取香精的原料之一。

生姜加工成干姜、炮姜可做药用。姜味辛性温,入肺、脾、胃经,有解毒、散寒、温胃、止呕、止咳、止泻的功效,我国自古药用,被称为东方药物,是我国中医药的常用成分。姜常应用于止呕药物中,也用来治伤风咳嗽、胃寒腹痛等。近年来,发现生姜能使血液变稀,是一种温和的抗凝剂。在农副产品加工业中,姜是姜汁、姜酒、姜干、姜粉等系列产品的原料。

由上述可知,姜是集调味品、加工食品原料、药用蔬菜于一体的多用途蔬菜。

5. 销路好

姜销售市场非常成熟,不存在销售难的问题,而且价格常年稳定。

6. 耐储存,耐运输

姜可以远距离调运,还可以出口创汇。与其他蔬菜相比,生姜含水分少,周皮较厚,因而能长期储藏。采用窖藏法,一般存放3年质量仍保持良好,在储存期间,可根据市场需要,随时取出销售,以调节市场供应,也适合远销外地。近年来,随着市场经济的发展,鲜姜不仅行销全国,其加工产品如保鲜姜块、干姜块(片)、酸姜、糖姜、软化姜芽、姜油等大量出口日本、美国、韩国、中东、东南亚等国家和地区,并已呈现供不应求之势。

第二节　姜的分类

我国栽培的姜历史悠久,品种较多,有的辣味浓,有的辣味淡,有的含纤维少,有的含纤维多。根据姜的植株形态和生长习性可分为疏苗型、密苗型两种类型,按产品用途分为食用药用型、加工型和观赏型,根据姜的外皮色可分为白姜、紫姜、绿姜(又名水姜)、黄姜等。

1. 按生物学特性分类

(1)疏苗型：植株高大，茎秆粗壮，一般有5～10个分枝，生长旺盛的植株有13个分枝以上，叶深绿色，根茎节少而稀，姜球肥大，多单层排列。如山东大姜、广东疏轮大肉姜。

(2)密苗型：势中等，一般有12～16个分枝，生长旺盛的植株有20个分枝以上，叶色绿，根茎节多而密，姜球数量多，姜球较小，双层或多层排列。如山东片姜、密轮细肉姜、黄瓜姜等。

2. 按产品用途分类

按照生姜根茎和植株的用途可分为食用药用型、食用加工型和观赏型三种类型。

(1)食用药用型：我国栽培的生姜绝大多数都是这种类型的品种。其中，多数品种又以食用（包括做菜食用和调味）为主，兼有药用效果。属于这一类型的品种较多，如莱芜大姜、莱芜片姜、广州肉姜、铜陵白姜、兴国生姜、城固黄姜、河南张良姜、福建红芽姜等。也有少数品种以药用为主，兼供食用，如湖南黄心姜、湖南鸡爪姜等。

(2)食用加工型：生姜一般以嫩姜鲜食，老姜作为调料。嫩姜多在8月份挖掘，一般含水多，纤维少，辛辣味淡薄，除做调味品外，尚可炒食、做姜糖等。老姜多在11月份挖掘，水分少，辛辣味浓，主要用做调味。

(3)观赏型：属于这一类型的品种资源，主要以其叶片上的美丽斑纹、花朵的颜色和形态、花的芳香以及整个植株的优美姿态供人观赏。属于姜科姜属的观赏姜，主要品种如莱舍姜（别名纹叶姜）、花姜（别名球姜或姜花）、斑叶茗姜、壮姜、恒春姜、河口姜等。

第三节　姜的植物学特性

一、姜的形态特征

姜为姜科姜属的多年生宿根草本植物,在我国为一年生栽培,主要由根、地上茎、叶、花和根茎等器官组成。

1. 根

姜播种后,姜根从姜芽基部长出,有 7～12 条,长 30～40 厘米,有多次分枝。姜没有主根,主苗发生第一批分枝后,分枝苗的姜球又长出数条根,主苗姜球和第一批分枝苗姜球长出的根,为营养主要吸收根,土壤的矿盐养分大多数由这些根吸收;第二批、第三批、第四批分枝苗姜球长出的根为不定根,有粗有细,长 5～30 厘米,粗根不发生分枝,细根发生分枝,这些根有吸收和支持功能。姜根生长发育的好坏,直接影响到植株地下根茎的重量和地上茎叶的生长,而姜根的粗细、长度、数量和生长发育的状况又受到姜种的品质以及环境条件的影响。姜播种后,姜芽在土壤里向上生长的同时,姜根也在土壤里向四周伸展,姜苗破土后,叶片没有展开之前,姜根已在土壤里伸长 20～25 厘米,姜根细胞分裂生长所需的营养物质,由姜种提供,姜种品质好,则出根多,根粗而长;姜种品质差,则出根细,数量少而短。

姜播种后,如果天气寒冷,土壤温度低,则姜种受到低温危害,姜根发育不良。如果天气干旱,土壤水分缺乏,土地板结,则姜根生长缓慢,伸展困难。如果姜田排水不良,畦沟积水,土壤氧气缺乏,则姜根发育受阻,时间过长会引起烂根。因此,采用品质优良的姜种种植,为姜根创造良好的生长环境,促进植株生长旺盛,是取得姜高产的重要措施。

2. 地上茎

姜的地上茎直立不发生分枝,茎秆上的茎节被叶鞘所包被,茎秆起着支持地上部分并运输养分、水分的作用,茎粗1~1.4厘米,茎高80~90厘米,姜苗刚破土时的茎秆呈暗红色后变成深绿色。

茎秆高矮粗细与水肥条件有关:水肥条件好,茎秆粗而高;水肥条件差,茎秆矮而细;光照不足,则茎秆徒长。栽培中要经常喷药,保护好茎秆,使茎秆不受螟虫侵害。让养分、水分正常输送,这是取得高产的另一个重要措施。

3. 叶片

姜是单子叶植物,叶呈披针形,由叶鞘、叶舌、叶脉及叶片构成。植株的光合作用由叶片来完成,初长出的叶片比较窄短,第4~6片叶宽2.4~3.9厘米,是主苗中最宽的叶片,第10~15片叶长18~30厘米,是主苗中最长的叶片,以后由于主苗的养分用于分枝苗,长出的叶片逐渐变窄变短。在10月下旬至11月上旬天气变冷后出叶基本上停止。

姜一生中主苗有33~36片叶,但由于光照、水肥、各地气候条件、栽培管理技术有所不同,长出的叶数各有差异,山区利用坡地种植的姜,由于受到光照条件以及土壤水分的影响,主苗一般有26~28片叶,主苗出叶数多,则分枝多,根茎品质优良。姜栽培中,要加强姜田管理,使叶片不受病虫侵害,增加植株出叶数,提高叶面积,对提高产量及根茎品质有着重要意义。

4. 花

当植株发生第四批分枝以后,花蕾从第四批分枝苗的姜球长出,也有的花蕾从第一批分枝的姜球长出。姜为穗状花序,花蕾由花轴和总苞组成,花轴长4~13厘米,总苞由花轴顶部长出,长2~

3厘米,形状呈棒状,总苞上由许多迭生苞片组成,苞片边沿呈淡黄色,每个苞片都包被着一个单生的绿色或紫色的小花。大多数的植株只能现蕾不能开花,只有少数的花蕾能开花,姜种植不是每年都能现蕾开花,影响姜现蕾开花的主要因素是9月下旬以后的昼夜温差,当昼夜温差大于10℃以上时,第一批和第四批分枝苗的姜球长出花蕾,如果温度较高,昼夜温差不大,第一批和第四批分枝苗的姜球,则长出比较短小的分枝苗。姜现蕾与植株营养条件有一定关系,生长旺盛的植株现蕾数量较多,有5~7朵,弱苗、僵苗长成的植株现蕾数量较少,有2~3朵,而植株茎秆叶片被病虫侵害严重的姜田,现蕾少或不现蕾,能够现蕾的植株说明生育期完全,姜够老,因此选留姜种时,选择植株能够现蕾开花的姜田留种比较好。

5. 地下根茎

姜播种后,由姜芽长出的苗称为主苗,当主苗长到一定的高度后,由主苗的姜球基部两侧长出的分枝苗,为第一批分枝苗,由第一批分枝苗的姜球长出的苗为第二批分枝苗,由第二批分枝苗的姜球长出的苗为第三批分枝苗,由第三批分枝苗的姜球长出的苗为第四批分枝苗。姜一生中一般有四批分枝苗,分枝苗在地下部分形成姜球,钻出土面部分长成秆茎。因此,姜的根茎是由主苗的姜球和多个分枝苗的姜球组成,姜球的数量大小与品种、姜种品质和栽培管理技术有关:疏苗型的品种,姜球个体大,姜球数量少;密苗型的品种,姜球个体小,数量多,姜种品质好;水肥条件充足,管理技术高,姜球个体大;姜种品质差,姜田长期缺水、缺肥,管理粗放,则姜球个体小。姜球的长短受到培土高低影响,培土高,姜球细而长;培土低,姜球短而肥大。根茎中,姜球数量多而肥大则产量高,姜球数量少而瘦小则产量低。

姜根茎生长在土壤里,根茎表面的颜色与土壤颜色有密切关系。种植在黑色的土壤里,其根茎表面呈暗灰色,种植在红色的土壤里,其根茎表面呈淡红色,种植在黄色的土壤里其根茎表面呈浅黄色,其中以淡黄色根茎最受大众喜欢,很有市场竞争力。因此,选择姜地时,应考虑到消费者的喜好。

二、生长发育周期

姜为无性繁殖,播种所用种子就是根茎。姜的根茎无自然休眠期,收获之后,遇到适宜的环境即可发芽。生姜的整个生长过程基本上是营养生长过程,因而其生长虽有明显的阶段性,但划分并不严格,根据生长特性和生长季节可分为发芽期、幼苗期、旺盛生长期、根茎休眠期四个时期。

1. 发芽期

从种姜上幼芽萌发至第一片姜叶展开为发芽期。发芽过程包括萌动、破皮、鳞片发生、发根、幼苗形成等几部分。生姜的发芽极慢,在一般条件下,从催芽到第一片叶展开约需50天左右。姜发芽期主要依靠种姜贮藏的养分发芽生长,因此,必须注意姜种的选择。

2. 幼苗期

从第一片展开到具有2个较大的侧枝,即俗称"三股杈"期,此期为幼苗期,约需60~70天。这一时期,由完全依靠母体营养转到新株能够吸收和制造养分。以主茎和根系生长为主,生长缓慢,生长量较小。但该期是为后期产量形成基础的时期,在栽培管理上,应着重提高地温,促进发根,清除杂草,以培育壮苗。

3. 旺盛生长期

从第2侧枝形成到新姜采收为旺盛生长期。此期分枝大量发生,叶数剧增,叶面积迅速扩大,地下根状茎加速膨大,是产品器官形成的主要时期。此期需70~75天。前期以茎叶生长为主,后期以地下根状茎膨大为主。在栽培管理上,盛长前期应加强肥水管理,促进发棵,使之形成强大的光合系统,并保持较强的光合能力;盛长后期应促进养分的运输和积累,并注意防止茎叶早衰,结合浇水和追肥进行培土,为根茎快速膨大创造适宜的条件。

4. 根茎休眠期

姜不耐霜、不耐寒,北方天气寒冷,不能在露地生长,通常在霜期到来之前便收获贮藏,迫使根茎进入休眠。休眠期因贮藏条件不同而有较大差异,短者几十天,长者达几年。在贮藏过程中,要保持适宜的温度和湿度,既要防止温度过高,造成根茎发芽,消耗养分,又要防止温度过低,以防根茎遭受冻害。生姜适宜的贮藏条件为11~15℃(5℃以下易受冷害,15℃以上姜发芽),相对湿度75%~85%。

三、姜生长对环境因素的要求

1. 温度

姜是喜温蔬菜,不耐严寒,姜种在15℃以上时开始发芽,最适宜植株生长温度为27~32℃,高于35℃以上时会抑制植株生长,低于27℃以下时生长缓慢,在18℃以下时停止生长,12℃以下时茎叶便陆续枯死,根茎在5℃时会受到冻害。

在姜栽培生产中认为积温是一项重要因素,积温多,生育期长,分枝多,根茎品质好,产量高;积温少,生育期短,分枝少,根茎品质差,产量低。因此,南方种植的姜产量比北方种植的姜产量高,平原地区又比高寒山区产量高。

2. 水分

姜根系短浅,吸水能力弱,生育期长,需水量大,在生长期中,除了土壤积聚雨水以外,还要通过灌溉才能够满足植株对水分的要求,姜播种后至出苗前这段时期,土壤含水量要求75%～85%才能够出壮苗,如果这一阶段土壤含水量低,会影响姜芽生长,出苗弱。姜苗出土后缺水,则姜苗正常的生理代谢功能受到影响,叶色淡黄,生长缓慢,分枝迟;若在夏季高温时期缺水,则会抑制植株生长,降低植株对高温的抵抗能力,导致各种病害发生;若在秋季缺水,则会影响植株分枝,植株分枝数减少,分枝苗的姜球细小,当缺水严重时,植株茎秆枯死。但水分过多也对植株生长不利:姜播种至出苗前,当畦沟积水,会引起烂种烂芽;姜田苗期排水不良,容易造成烂根;生长期中积水,姜瘟病害发生严重。因此,姜田水分过多、过少都对植株生长有所影响,姜栽培首先要搞好姜田的排水工作,力求做到水多能排,天旱能灌,才能获得高产。

3. 光照

姜的生长发育需要充足的阳光。在阳光充足的环境中,植株分枝多,出叶迅速,生长旺盛,根茎品质好。但不同的生长时期对光照的要求也不相同。姜苗刚破土时期,需要阴天或光照较弱的天气,如果这个时期光照过强,会把第一片叶灼伤。夏季光照过于强烈,会影响叶绿素的合成,使植株叶片呈淡黄色;秋季光照充足,有利于植株分枝,促进根茎膨大,如果秋季光照不充足,植株光合作用受到影响,从而影响产量。光照时间长短,也是影响根茎品质的一个因素,间种在香蕉田、成年果树下以及利用两旁树木高大的山弄田、山弄地种姜,由于光照时间缩短,光合作用的有机质运往根茎少,根茎中营养物质缺乏,用这些根茎留种,出苗弱。

4. 土壤

姜适应性强,对土质要求不很严,无论砂壤土、黏壤土均可种植。但在土层深厚、疏松、肥沃、通气而排水良好的土壤上栽培,产量高,姜质细嫩,味平和;砂壤土种植的姜块更光洁美观。姜对土壤酸碱度的反应较敏感,姜适宜的土壤 pH 值为 5~7.5,若土层 pH 值低于 5,则姜的根系臃肿易裂,根生长受阻,发育不良;pH 值大于 9,根群生长甚至停止。

5. 养分

生姜在生长过程中,需要不断地从土壤中吸收养分,来满足其生长的要求,养分中以氮、磷、钾三要素最为重要。生姜属喜肥耐肥作物,它对土壤养分的吸收利用具有一定的规律。生姜全生育期吸收的养分钾最多,氮次之,然后是镁、钙、磷等。不同生长期对肥料的吸收亦有差别,幼苗期生长缓慢,这一时期对氮、磷、钾三要素吸收量占全期总吸收量的 12.25%;而旺盛生长期生长速度快,这一时期吸肥量占全生育期的 87.25%。

第四节 姜的主要栽培品种

我国栽培生姜历史悠久,各地地方品种很多,这些地方品种都是在当地的自然条件下,经过人们长期的选择、驯化和培育而形成的,一般都具有较强的适应性、良好的丰产性、优良的品质和独特的使用价值。虽然近年来已经开始了生姜新品种的选育工作,但至今生姜的优良地方品种仍然被各地大量应用,并成为目前生产中的主要栽培品种。下面就我国部分生姜的优良品种资源进行介绍。

1. 山东莱芜生姜

山东莱芜生姜为山东莱芜市地方品种,已有百余年的种植历史,为山东名产蔬菜之一,也是我国生姜主要出口品种。当地栽培主要有片姜和大姜两个品种。

(1)莱芜片姜:属山东省莱芜市地方品种,栽培面积大,产量高,品质好,是国内较著名的品种之一。植株生长势强,株高60～80厘米,高者可达1米以上。分枝性强,通常为10～15个分枝,多者达20个以上,属密苗类型。叶色翠绿。根茎黄皮、黄肉,姜球数多而排列紧密,节多而节间较短,姜球上部鳞片呈淡红色。根茎肉质细嫩,辛香味浓,品质佳,耐贮运。一般单株根茎重500克,重者达1000克以上。在山东姜区栽培,5月上旬播种,10月中下旬收获,一般亩产2500千克,高产田可达3500千克左右。

(2)莱芜大姜:属山东省莱芜市地方品种,也是山东省著名特产,是我国北方主要栽培品种之一。该品种植株高大,生长势强,一般株高90厘米左右,在高肥水条件下,植株高达1米以上。叶片大而肥厚,叶长20～25厘米,宽2.2～3厘米,叶色深绿。茎秆粗壮,分枝较少,一般每株可分生10～12个分枝,多者可达20个以上,属于疏苗型。根茎姜球数较少,姜球肥大,其上节稀而少,多呈单层排列,生长旺盛时,亦呈双层或多层排列。根茎外形美观,刚收获的鲜姜黄皮、黄肉,经贮藏后呈灰土黄色,辛香味浓,辣味较片姜略淡,纤维少,商品质量好,产量高,一般单株重约800克,重者可达1500千克以上。通常每亩产量为3000千克,高产田可达4000～5000千克。实行双膜、秋延迟保护栽培的亩产达7000～8000千克。近年来,由于该品种产量高,出口销路好,颇受群众欢迎,种植面积不断扩大。

2. 山农 1 号

山农 1 号是山东农业大学多位育种专家历经 5 年培育成功的生姜品种。该品种植株高大粗壮，生长势强，一般株高 80~100 厘米。叶片大而肥厚，叶色浓绿。茎秆粗，分枝数少，通常每株有 10~12 个分枝，多者可达 15 个以上。根茎皮、肉淡黄色，姜球数少而肥大，节少而稀。一般单株根茎重为 800 克左右，重者可达 2000 克以上。一般亩产 3500 千克，高产者可达 5000 千克以上。

3. 山农 2 号

山东农业大学自国外引进的品种中，通过组培试管苗诱变选择而来。植株高大，生长势强，一般株高 90~100 厘米。叶片宽而长，开张度较大，叶色较浅。茎秆粗，分枝数少，通常每株有 10~12 个分枝，多者可达 15 个以上。根茎黄皮、黄肉，姜球数少而肥大。一般单株根茎重为 600 克左右，重者可达 1500 克以上。一般每亩产 3000 千克以上，高产者可达 5000 千克左右。

4. 鲁姜 1 号

鲁姜 1 号是莱芜市农科院培育出的优质、高产大姜新品种。该品种姜块大且以单片为主，姜块肥大丰满，姜丝少，肉细而脆，辛辣味适中。姜苗粗壮，长势旺盛。相同栽培条件下，该品种地上茎分枝数 10~15 个，略少于莱芜大姜，但姜苗粗壮，长势较旺，平均株高 110 厘米左右。叶片开展、宽大，叶色浓绿。根系稀少、粗壮。经大田试验表明，该品种平均单株姜块重 1000 克，亩产高达 4552 千克（鲜姜 5302 千克）。

5. 山东绵姜

山东绵姜姜块黄皮黄肉，姜球数较少，姜球肥大，节少而稀，外形美观,纤维少,辣味适中,商品质量好,适宜出口。绵姜的植株生长势弱于大姜,茎秆粗壮,分枝数略少,一般分枝在8~12个,而大姜分枝在10~16个,叶片大而肥厚,叶色深绿,叶片光合能力强。平均单株重1~1500克,最高可达4300克。一般亩产鲜姜4000千克左右,比大姜亩产高500千克左右,高产地块每亩可达5000~7000千克。

6. 广州肉姜

广东省农家品种,主要有疏轮大肉姜和密轮细肉姜两个品种。在当地栽培历史悠久,分布较广,多行间作套种。除供应国内市场外,大量出口供应国际市场,加工的糖姜是广东的出口特产之一。

(1)疏轮大肉姜:又称单排大肉姜,株高70~80厘米,茎粗1.2~1.5厘米。叶披针形,深绿色。肉质根茎上簇状分枝较疏,单行排列,长30~40厘米,厚5~6厘米,表皮浅黄色,肉浅黄白色,嫩芽粉红色。单株产量1000~3000克,间作亩产1000~1500千克。根茎肥大、饱满,肉脆、味辣,纤维较少,品质优良。该品种喜阴凉,耐旱性较强,忌水湿,抗病力较差。

(2)密轮细肉姜:又称双排肉姜,株高60~80厘米,茎粗1~1.2厘米,叶色青绿,分枝密而多,成双排列。根茎表皮浅黄色,肉浅黄色,肉质致密,纤维较多,味较辣,嫩芽紫红色,品质优良。单株产量750~2000克,间作亩产800~1000千克。该品种喜阴凉,耐旱,忌水湿,抗病力强。

7. 安徽铜陵白姜

铜陵白姜又名中华白姜,是铜陵著名特产,铜陵"八宝"农产品之首,由于其"块大皮薄、汁多渣少、肉质脆、香味浓"而驰名中外。株高70~90厘米,高者达1米以上,生长势强,分枝多,一般15~20枝。嫩芽粗壮,深粉红色,根茎肥大,皮淡黄色,纤维少,肉质细嫩,香气浓郁,辛辣味浓,品质极佳。一般单株产量 0.5~0.75 千克。一般亩产 1500~1800 千克,高者达 2500 千克。

8. 浙江红爪姜

浙江红爪姜别名大杆黄,为浙江省嘉兴市新丰及杭州市余杭区临平和小林一带农家品种。嘉兴与临平广泛种植,尤以临平种植最为普遍。该品种生长势强,株高 65~80 厘米,叶披针形,浓绿色,互生,叶长 22~25 厘米,宽约 3 厘米。植株分枝力强,一般每株可有地上茎 22~26 个,茎粗 1 厘米左右。根茎较肥大,上下高 10~13 厘米,左右宽 23~28 厘米。姜球多,皮黄色,肉质蜡黄,芽带红色,故名红爪姜。根茎纤维少,质地细,辛辣味稍浓,品质优良。其嫩姜可糖渍或腌渍,老姜多作调味香料。一般单株根茎重 400~500 克,重者可达 1000 克以上,亩产 1200~1500 千克,高产田亩产 2000 千克左右。该品种喜温暖湿润,不耐寒冷干旱,抗病性稍弱。当地通常于 4 月下旬至 5 月上旬播种,每亩种植 4000~5000 株,6 月上旬搭棚遮荫,9 月上旬拆棚。为提早上市或进行加工,可于 8 月上旬收获嫩姜,11 月上中旬收获老姜。

9. 浙江黄爪姜

浙江省杭州市余杭区临平农家品种,在当地栽培历史悠久。该品种植株比红爪姜稍矮,地上茎稍细,一般株高 60~65 厘米,每株发生分枝 13~17 个。叶片深绿色,长 22~24 厘米,宽 2.8~3 厘米。根茎中等大小,上下高 10~13 厘米,左右宽 20~22 厘米,姜球较小,节间短,排列较紧密。根茎淡黄色,芽不带红色,故名黄爪姜。姜块肉质致密,辛辣味较浓,植株抗病性较强,惟产量较低,单株根茎重 250~400 克,一般亩产 1000~1200 千克。当地于 4 月下旬播种,6 月下旬收挖种姜,8 月上旬采收嫩姜,11 月上旬收获老姜。

10. 陕西城固黄姜

陕西省城固地方品种。株高 50～60 厘米,一般分枝 12～15 个,多者达 30 多个。叶宽披针形,深绿色。姜块扁形,肥大,外皮光滑,淡黄褐色,肉淡黄色,姜丝细,姜汁稠,味辛辣,水分少,品质好。单株平均重 350 克,大者可达 900 克。一般亩产 2000 千克,高者可达 3000 千克。

11. 江西兴国生姜

兴国生姜是江西名特产蔬菜之一。该品种生长势较强,株高 70～90 厘米,叶片披针形,绿色,叶长 22～25 厘米,宽 2.8～3 厘米,分枝较多,茎粗 1.1～1.2 厘米,茎秆基部稍带紫色并具特殊香味。花似卷荷,有不整齐花被,雄蕊 6 枚,雌蕊 1 枚,但极少开花。根茎肥大,姜球呈双层排列,皮淡黄色,肉黄白色,嫩芽淡紫红色,质地脆嫩,纤维少,辛辣味中等,品质佳,耐贮,耐运。当地通常于 4 月上中旬播种,行距 50 厘米,株距 26 厘米,种后于沟南侧插稻草或麦秆作障遮荫,9 月上旬拔除。6 月初收取种姜,10～12 月份采收鲜姜。一般单株根茎重 300～400 克,每亩产 1500～2000 千克。当地立冬前收获的姜,称为"子姜",立冬后收获的称为"冬姜";入窖贮藏后称为"窖姜",窖藏 2 年以上者称为"陈年老姜"。子姜和冬姜主要作为蔬菜食用及调味用,窖姜及陈年老姜除食用外,主要作药用。以兴国姜为原料加工制作的酱姜、五味姜、甘姜、白糖姜片、脱水姜片、香辣姜粉等食品很受欢迎。

12. 柳江大肉姜

柳江大肉姜主要分布在广西柳江土博乡和柳城龙美、冲脉、大埔等地,栽培历史悠久。姜芽紫红色,姜表皮黄色,鳞茎稀疏,肉黄白色,单株重 1000～2000 克,最重的有 2500 克。生长期 180～

270天,喜高温忌寒冷,畏强烈光照,喜阴凉湿润环境。姜分蘖力强,一般分生16~20条,肉质肥嫩,具特殊香辣味,是家庭厨房不可少的调味品,较耐贮藏。当地3月清明前后种植,8月中旬至12月根据食用及加工不同要求可陆续采收,适合作姜干、姜粉、姜汁、姜酒、糖渍及酱渍等多种食品加工,有健胃祛寒和发汗功效。

13. 长沙红爪姜

长沙地方品种。株高75厘米左右。叶深绿色,叶面光滑无毛,互生。根茎耙齿状,表皮浅黄色,肉黄色,嫩芽浅红色。单株重300~850克,亩产1000~1500千克。

14. 抚州生姜

抚州市各区、县均有栽培。该品种植株直立,株高70厘米左右,叶片披针形,青绿色,长20厘米左右,宽约2.5厘米。地上茎圆形,粗0.7~1.2厘米。根茎表皮光滑、淡黄色,肉黄白色,嫩芽浅紫红色。纤维较多,辛辣味强。生长期150天左右,4月下旬播种,行距52厘米,株距20厘米。该品种性喜阴湿温暖,耐寒冷与酷热,宜间作或搭棚遮荫。10月下旬收获,一般单株重400克左右,每亩产1800~2000千克。

15. 河南张良姜

因产地在河南省曾山县张良镇而得名,其根茎芳馥味浓、纤维细致、久煮不烂、辣味持久,可常年保存。张良姜根茎皮肉深黄,有分枝12~20个,姜球多,节间短,排列紧密,扇状分布,姜球上部鳞片呈鲜红色。小黄姜品种单球重700~900克,大黄姜品种单球重1500克以上。

16. 遵义大白姜

贵州遵义及湄潭一带农家品种,根茎肥大,表皮光滑,姜皮、姜肉皆为黄白色,富含水分,纤维少,质地脆嫩,辛味淡,品质优良,嫩姜宜炒食或加工糖渍,一般单株根茎重 350~400 克,大者达 500 克以上,一般亩产 1500~2000 千克。

17. 来凤生姜

湖北来凤农家品种,又称凤头姜。在当地栽培历史悠久,主要分布在鄂西自治州的来凤、恩施等地。植株较矮,叶披针形、绿色,根茎黄白色,嫩芽处鳞片为紫红色,姜块表面光滑,肉质脆细,纤维少,辛辣味较浓,香味清纯,含水量较高,品质良好,适宜于蜜饯加工,但不耐贮藏。一般亩产 1500~2000 千克。

18. 四川竹根姜

四川省地方品种。株高 70 厘米左右,叶披针形,叶色绿。根茎为不规则掌状,嫩姜表皮鳞芽紫红色,老姜表皮浅黄色,肉质脆嫩,纤维少,品质优,适合作嫩姜栽培。一般单株根茎重 250~500 克,亩产 2500 千克。

19. 福建红芽姜

主要分布于福建省。植株生长势强,分枝多。根茎皮淡黄色,芽淡红色,肉蜡黄色,纤维少,风味品质佳。一般单株根茎重可达 500 克左右。

20. 玉林圆肉姜

广西地方品种,广西各地均有种植,以玉林地区栽培较多。植株较矮,一般株高 50~60 厘米,分枝较多,茎粗约 1 厘米,叶青绿色,根茎皮淡黄色,肉黄白色,芽紫红色,肉质细嫩,辛香味浓,辣味较淡,品质佳,较早熟,不耐湿较抗旱。抗病能力较强,耐贮、耐运。单株重一般500~800克,最重可达2000克。

21. 西林火姜

广西西林火姜又名细肉姜,株高50~80厘米,分枝较多,姜球较小,个体匀称,呈双层排列,根茎皮、肉皆为淡黄色,嫩芽紫红色,肉质致密,辛辣味浓,一般亩产1600~2000千克,是制作烤姜块、片的主要原料。火姜中含有浓郁的挥发油和姜辣素,是人们喜爱的重要调味品。产品可加工成烤姜块、烤姜片,经深加工可制成姜粉、姜汁、姜油、姜晶、姜露和酱渍姜等一系列姜产品。西林火姜是医学上良好的健胃、祛寒和发汗剂。

22. 安姜1、2、3号

安姜1、2、3号是西北农林科技大学选育的黄姜新品种,该品种丰产性好、抗性强,皂素含量中等偏上,是综合性状良好的黄姜品种。大田种植含皂素2.5%以上(两年生、干姜),抗病强,产量高,适应性强,无虫蛀、霉烂,芽眼多,出苗率高。根据肥力水平,当年产量可达1000~1500千克,2年生长的可达1500~2500千克。

第二章 姜引种与种植准备

栽培姜的姜种主要是姜的地下块茎、珠球等无性繁殖器官,这些器官生长发育受环境影响较小,所需的条件较易满足,因此,引种较易成功。姜的引种不仅可以直接应用生产,增加当地品种数量,而且还可以充实姜育种的物质基础,丰富遗传资源,为创造新品种打下基础。

第一节 姜的引种

开始发展姜生产,需要引种。若从远距离的外地引种时要先少量引种,观察其适应性、经济性状表现及栽培效益,然后再大面积发展。

一、姜引种的原则

姜引种虽然比较容易,但为了提高引种的成功率,应注意以下原则。

1. 就近引种

地理位置接近,生态环境相似,气候变化不大,引进品种适应快,引种成功率高,可以减少引种上的一些盲目性。

2. 引种时应注意温度条件

姜是喜温作物,生长发育过程需要一定积温,积温多,生育期长,分枝多,根茎品质就好,产量高;积温少,生育期短,分枝少,根茎品质差,产量就低。因此,南方种植的姜产量比北方种植的姜产量高,平原地区又比高寒山区产量高。平原地区到高寒山区购种时,发现高寒山区的姜种出苗比平原地区的姜种出苗差,就是由于积温不同造成根茎品质有所差异。

3. 引种应注意土壤条件

姜在土层深厚、土质疏松、肥沃、有机质丰富、通气良好而便于排水的砂壤土、轻壤土、中壤土或重壤土上都能正常生长。姜幼苗对土壤酸碱度的适应性较强,在 pH 值 4～9 的范围内均能正常生长。但土壤过酸、过碱均影响茎叶的生长和根茎的产量。

二、引种的方法

为了保证引种的效果,减少浪费和损失以及所带来的副作用,引种工作必须有组织、有计划、有步骤地进行。

1. 引种材料的搜集

搜集有关姜的材料及相关书籍,必须先掌握有关姜品种的情况,包括品种的生态类型、原产地的生态环境及生产水平等,然后进行比较分析。首先,从生育期上,估计哪个品种类型有适应本地区生态环境和生产要求的可能性;其次,从块茎的形状、大小等方面估计,能否适应本地区的土壤条件,从而确定搜集品种的范围,然后再把姜种引进来。

2. 种姜的选择

在姜栽培中,选择优良种姜十分重要。这是因为姜用种姜进行无性营养繁殖,新块茎可将老块茎的性状保留下来。因此,种姜应选择肥大、丰满、皮色光亮、肉质新鲜不干缩、不腐烂、未受冻、无病虫害的健康姜块作种,要求每块重70～100克,严格淘汰瘦弱干瘪、肉质变褐及发软的种姜,以确保出芽均匀一致。太大的姜块也可播种但需种量大,成本高,并且用刀切或用手掰开后,伤口要用草木灰或石灰消毒后再播。

3. 引种应注意检疫

在跨地区引种姜时,最好进行初步的检疫。要避免将带病虫害的植株带入引种地而引起病虫害的蔓延。在国际间引种时,运输前要配合检疫部门办好检疫手续。

4. 姜种的临时贮藏

姜引种一般在春季进行,若离播种还有一段时间,必须对种姜进行安全贮藏。贮藏选好细沙或含沙量大的沙土,沙的湿度以手抓能成团但无水渗出为宜。用木盆或用砖块在地上围成圈,先在底层铺上40厘米厚的湿沙,然后铺一层20厘米厚的姜块,在姜块上又铺一层10厘米厚的湿沙,再铺一层生姜。这样,一层沙一层姜逐层铺至堆高1～1.5米,堆面盖上一层20厘米厚的沙。每隔20～30天翻堆1次。翻堆时要轻拿轻放,剔除烂姜、病姜,然后按上法重新堆放。如沙子过于干燥,在翻堆时可用喷雾器适当喷水、拌匀,保持沙堆原来的湿度即可。

第二节 姜用肥料的准备

姜的用肥可分为基肥和追肥两类,如按化学成分,可划分为农家肥和化肥。农家肥一般只作基肥用,而化肥既可以作基肥,也可以作追肥用。

一、姜的需肥特点

姜为喜肥耐肥作物,由于根系不甚发达,喜肥能力较弱,因而对养分要求比较严格。另外,姜的植株较大,分枝较多,单位面积内种植株数也较多,生长期长,因此需肥量较大。据测定,每生产1000千克鲜姜约吸收纯氮6.34千克、纯磷0.75千克、纯钾9.27千克,纯钙1.30千克、纯镁1.36千克。

姜全生长期吸收钾最多,其次是氮,再次是镁、钙、磷。它们在姜体内分布规律是氮、磷、镁以根茎中分配最多,其次是侧枝和侧枝叶;钾以侧枝分配最多,其次是根茎;而钙则以侧枝叶分配最多,侧枝和根茎次之。

姜需要完全肥,如缺少某种元素,不仅影响其生长发育和产量形成,根茎中碳水化合物、维生素C、蛋白质、挥发油等营养成分也明显降低。

姜除需要氮、磷、钾、钙、镁等大量元素外,还需要一些微量元素。据测定,每生产1000千克姜根茎,需要吸收硼3.76克,锌9.88克。据研究,每亩施硫酸锌2千克,硼砂1千克,姜产量分别提高23.9%和12.1%,二者同时施用增产38.9%。

二、姜用肥料的种类及施用方法

1. 氮肥

植株进行生命活动的重要成分是蛋白质,而氮是蛋白质的主要成分,没有氮素就不能形成蛋白质,所以氮素是维持姜生命的主要元素。栽培中发现,姜对氮肥反应较敏感,幼苗时期,用少量氮肥作提苗肥,可以促进植株根系及茎叶生长,经施肥后,姜苗叶片较宽,叶色浓绿,分枝提早,分枝苗粗壮。在第一次和第二次培土时施入适量氮肥,可以增加植株分枝数,促进分枝苗的姜球肥大,入秋后用少量氮肥兑水施入 1~2 次,可以防止植株早衰,提高光合作用,促进根茎肥大。姜田氮肥的施用量,在一定的范围内随着施用量的增加产量可以得到相应提高。当植株缺氮时,茎秆短矮,叶片短小,叶色淡黄,姜球瘦小产量低。

但是,氮肥不是施得越多越好,一次性施得过多,会增加土壤氮素浓度,烧伤根系,对植株生长不利,特别是夏季雨水多的地方,氮素养分容易随水流失,造成浪费,因此,氮肥要根据姜的生长规律进行分期多次施用,并且要注意施用量和施用时期,氮肥在高温期施用,会降低植株对高温的抵抗能力,诱导各种病害发生,姜田施用过多氮肥,会导致立枯病、姜瘟病发生严重,所以,氮肥不能单独使用,要与磷钾肥配合施用。氮肥的施用量应根据实际要求来决定,以收老姜为主的姜田,则在施用农家肥的基础上,用花生麸配合复合肥施入适量氮肥;以收嫩姜为主的姜田,可以适当多施一些氮肥,促进根茎肥大,使姜产品符合食品加工的要求。

2. 磷肥

磷是构成细胞核的主要成分,姜体内的许多重要有机化合物都含有磷,姜播种时用磷肥作基肥,增加土壤磷的含量,提高幼苗体内磷的浓度,有利于细胞增殖和根系生长,生长期中施磷肥,有利于根茎中淀粉、糖分的积累,增加根茎中磷的含量。用含磷量高的根茎留种,出苗生根速度快,因此,姜田施足磷肥,在提高产量的同时,对姜留种是非常必要的,如果姜田缺磷,则植株细胞分裂受阻,根系生长缓慢,茎秆短小,叶色暗绿,根茎品质差,产量低。

3. 钾肥

钾对姜的作用是多方面的,钾可以促进植株体内酶的活性,增强光合作用,钾能够促进碳水化合物的合成,使植株光合产物及时运往根茎,钾充足有利于形成氨基酸和合成蛋白质,使进入植株体内的氮增多,从而提高产量,钾可以使茎叶中的纤维素增加,细胞壁增厚,提高植株对病虫害的抵抗能力,当姜田钾肥供应充足,则植株茎秆粗壮,基部叶片不焦枯保持绿色,根茎肥大,肉质坚实而且品质好。缺钾时,老叶尖端和叶边缘由黄变褐,渐速焦枯,茎叶早衰,根茎品质差。

钾肥要与氮肥、磷肥配合施用,用含钾的复合肥作基肥,满足姜幼苗期对钾的要求,生长期中与氮肥配合施用,促进植株分枝,提高光合作用。秋后姜田用钾肥与氮肥兑水施入,可以促进植株根茎肥大,芽眼饱满。

4. 复合肥

复合肥的种类很多,一般选用适宜干旱地施用的含氯三元复合肥,三元复合肥含有氮、磷、钾养分齐全,肥效快,复合肥可作姜田种肥,追肥用,由于姜生长期长,需要氮素较多,复合肥中的氮素含量较少,所以复合肥要与氮肥配合施用。

5. 花生麸

花生麸含养分比较齐全,肥效长,姜田施用花生麸,植株生长茂盛,不易早衰,根茎表面有光色,品质良好,花生麸可作种肥,也可作追肥。作种肥用的,可将花生麸打粉后与农家肥一同沤1～2个月后使用。也可以将花生麸用水浸泡后,再与农家肥沤熟烂后使用。作追肥用的,将花生麸用水浸泡8～10天后在第一次和第二次培土时施入,花生麸作种肥用的,要充分沤熟烂后使用,未发酵熟烂的花生麸容易烧伤姜芽。

6. 畜禽粪

猪、牛、羊、鸡、鸭粪,是种姜的好肥料,肥效长,含养分齐全,肥料来源广,可作种肥和追肥用,农家肥由于养分释放分解慢,一般要与化肥配合施用,新鲜的农家肥,在发酵过程中释放出大量的热量,容易烧伤姜芽和姜根,因此,农家肥要待发酵腐熟后才能使用。

(1)猪粪腐熟:将猪粪摊开晾晒,使其含水量达55%左右(手握成团但无水滴即可)。再将其堆成堆底宽1.8米左右、高1.5米左右的粪堆,上盖透明塑料膜,堆闷7个晴天后翻堆一次,注意翻堆时将粪块打碎;再堆闷7个晴天即可使用。

(2)牛粪腐熟:先摊晒,将鲜牛粪的含水量调至65%左右(以用手紧握可挤出水但不易滴下为准),再将其堆积成堆底宽2米左右、高1.6米左右的粪堆,上盖透明塑料膜,堆闷7个晴天即可使用。

(3)羊粪腐熟:如果有少量的羊粪,可以将其放于一个能密封的容器之中,置于太阳能照射的地方,利用高温发酵,注意羊粪的含水量要在50%~75%为宜,过干腐熟不好,春秋季约需1个月,夏季半个月足矣。如有大量的羊粪,可以堆放于能见到太阳光的地方,含水量也要在50%以上,用黄泥或塑料薄膜密封发酵,时间略比容器发酵的要长些。

(4)鸡、鸭粪腐熟:先将鸡、鸭粪摊开晾晒,使其含水量在50%左右(手握成团,松开即散)。然后将其堆成堆底宽1.6米左右、堆高1.5米左右的粪堆,上盖透明塑料膜,闷晒7~10个晴天后翻堆,翻堆时将粪块打碎;再盖膜闷晒7个晴天后翻堆;翻堆后再盖膜闷晒5个晴天,过筛后可用。

第三节　姜种的处理

培育壮芽是获得生姜丰产的首要环节,因为只有健壮的幼芽才可能长出苗壮的幼苗,也才能为生姜的旺盛生长奠定好的基础,所以各姜区均对种姜进行必要处理,以培育壮芽。

一、壮芽的形态及其影响因素

生姜种芽有壮有弱,从其外部形态看,壮芽芽身粗壮,顶部钝圆;弱芽则芽身细瘦,芽顶尖细。生姜种芽强弱与以下几个因素有关。

1. 种姜的营养状况

俗话说"母壮子肥",在一般情况下,凡是种姜肥胖而鲜亮的,因其营养状况好,其上所生幼芽多数较为肥壮;而种姜瘦弱干瘪者,由于营养较差,其上所生幼芽多数比较瘦弱。

2. 种芽着生位置

由于顶端优势现象的存在,种姜的上部芽及外侧芽多较为肥壮,而基部芽及内侧芽则往往细弱。

3. 催芽温度与湿度

在22~25℃适温条件下催芽,所生幼芽健壮,若催芽温度过高,长时间处在28℃以上,则所长的幼芽瘦弱细长。若催芽期间湿度过低(主要是晒姜种过度引起姜种失水过多所致),种芽往往细弱。

二、培育壮芽的方法

培育壮芽通常按四个步骤进行,即晒姜、消毒、困姜、催芽。

1. 晒姜、困姜

(1)晒种、困姜的作用

①提高姜块温度,促进内部养分分解,从而加快发芽速度。一般姜窖内的温度为13~14℃,生姜在此温度条件下,基本处于休

眠状态,经晒姜后,种姜体温明显提高。据测定,在室温22℃条件下,堆放室内而未经晾晒的姜块表面温度为21℃,内部温度为20℃,在阳光下晾晒的姜块表面温度为29.5℃,内部温度为28℃。

②减少姜块水分,防止姜块腐烂。由于贮姜窖内空气湿度大,姜块含水量极高,经适当晾晒后,可降低姜块水分尤其是自由水含量,防止催芽过程中发生霉烂现象。

③有利于选择健康无病姜种。带病姜块未经晾晒时,病症不甚明显,经晾晒之后,则往往表现为干瘪皱缩,色泽灰暗,病症十分明显,因而便于淘汰病姜。

(2)晒种、困姜的方法:于适期播种前20~30天(北方多在清明前后,南方则春分前后),姜种用清水洗去姜块上的泥土,平铺在草席或干净的地上晾晒2~3天,当姜皮发白变干,稍见皱皮即可(晒种时不得让姜种在室外过夜,以防冻伤)。种姜经晒后再次剔除松软、变色(黑、紫、褐色)、干瘪、皱缩、无光泽的病弱姜块。

种姜困姜是在最后一天晒姜时,于下午趁热将种姜选好收回,置于室内堆放3~4天,下垫干草,上盖草帘,保持25~30℃,促进种姜内养分转化分解。

(3)晒姜、困姜注意事项:晒姜应掌握适度,不可过度暴晒,如果遇到中午阳光过强,应用草苫遮荫,防止温度过高引起灼伤,或者失水过多影响幼芽萌发。地膜覆盖栽培一般在3月初晒姜,此时室外温度较低,为了防止发生冻害,可以在室内加温晾晒。困姜时要注意保持温度在25~30℃之间,这样才能为培育壮芽打好基础。

2. 催芽

消毒后的种姜,必须经过催育壮芽后种植,才能出苗早而整齐,获得优质高产。催芽的方法较多,各地可以因地制宜,加以采用。我国南方温暖地区,种姜出窖后,多已现芽,可不经催芽即可播种。

（1）山东莱芜姜区催芽池催芽法：选择房前院内阳光充足处建催芽池。催芽池有地上式、半地下式两种。地上式是在地面以上垒成一个四周墙高80厘米的池子,半地下式是在地面下挖25~30厘米,地上垒50~55厘米高的墙,其余皆同地上式。长宽依姜种多少而定。放姜种前,将干净无霉烂的麦穰暴晒1天,铺于池底10~15厘米厚（若姜块干燥,可在麦穰上洒适量温水调湿）,然后将姜种层层放好,随放姜随在四周塞上5~10厘米厚的麦穰或干草。姜种放好以后,再在上层盖5~10厘米厚的麦穰。姜种放好以后,再在上层盖5~10厘米厚的麦穰,顶部用麦穰泥封住。为了方便,亦可不事先垒池,而将姜种直接堆放于阳光充足处,四周盖以麦穰,最后用麦穰泥封好。该催芽方法堆放姜种厚度一般不应超过60~70厘米,否则往往因透气不良,上、下层温差大使姜芽萌发不匀,甚至在湿度大时还会引起烂种。为了增加催芽池内部的透气性,可根据姜种多少及池的大小,在池内姜堆上部留一个直径15~20厘米的通气孔,孔中竖插几把高粱或玉米秸秆,使其伸出顶部。这样经20~30天即可使芽长到1厘米左右即可播种。

（2）山东滕州席篓、竹筐催芽法：在席篓、竹筐等容器内四周及底部垫3~5层草纸,将晒好的姜种平放其中,排好之后将口封严。然后在厨房里用木棍搭成架子,架高2.2~2.5米,把篓、筐放置其上,利用每天生火烧饭时产生的热气提高温度进行催芽。由于受容器大小限制,这种催芽方法只能在种姜用量较少的情况下使用。

（3）浙江临平等地熏姜灶催芽法：在室内用砖砌熏姜灶。灶高0.4米,灶顶用竹竿或竹席铺平,然后用泥封好,灶中墙下面开烧火门,高30厘米、宽20厘米左右。灶上用木板做成高1.8米,长、宽各1~1.2米左右的熏仓,在熏仓一侧设有活动抽板,以便于存取姜种。熏仓内侧垫以稻草或贴3~5层草纸,然后排放姜种,种姜顶上再盖厚20厘米左右的稻草。最后在灶下点燃木柴、锯末或砻糠等燃料小火力(不见明火)加热,用产生的热烟熏烘姜种,使之达到适于发芽的温度。在熏烘过程中,种姜表面发潮,群众称为"发汗",经25天左右,发汗完毕,幼芽可长至1厘米左右,此时可停止熏姜,下地播种。

(4)铜陵姜阁催芽法:选地势高燥、避风向阳处建高8米,长、宽各4~8米的姜阁,其墙内外均敷泥封实,以防冷风侵入,屋顶上盖瓦,以利通气。阁内距地面1.3~2米处用木料架设楼栅,在栅上相间铺钉毛竹片,并用竹栅分成4~8室,状如蒸笼底,中央留一约70厘米见方的火道(或称人行道),作为烧火时热气上升和摆放姜种时操作人员的上下通道。贮姜前在竹栅上垫3~4层干荷叶,在姜阁一侧上部开一窗,约33厘米见方,以便排除水气。种姜上阁入室后,上面再用荷叶盖严,以后在楼下烧火加温,每日早晚各1次,每次烧40~60分钟,目的是使生姜发汗脱水,使阁内温度保持在12~14℃。春分前后,改烧文火,使温度达20~25℃,以促进发芽。一般至4月中旬,即可催出1厘米左右的姜芽。铜陵姜阁既可用于催芽,也可用于贮姜,在我国各生姜产区独具特色。但建造姜阁成本高,烧火加温达5个多月,管理复杂。

(5)辽宁砂床催芽:在立壕内的防寒沟里架设塑料小拱棚砂床,砂床湿度以手握砂土成团,落地散开为宜,过干可适量喷水。种姜平铺于砂床10厘米厚,其上覆盖3厘米左右厚的湿沙。当种芽长至0.5厘米左右时,可扒出种姜,放入温凉屋内炼芽,以适应外界环境,至5月上中旬播种。

(6)湖南莱阳山区深洞催芽法:选地势高、土层深厚的山边挖深洞贮姜,种姜贮藏期间可发芽。具体做法是将选好的种姜用竹篓装好,放入洞内,密封洞口,至"谷雨"时开洞取姜。此时种姜即生长出鲜嫩肥壮、颜色洁白的幼芽,可选晴暖天气下播种。

(7)烤烟房加温催芽法:可供早春气候比较寒冷的地方使用,南方采用烤烟房贮藏姜种的农户和建有烤房的农户也可以使用。

加温催芽姜种,要确定好催芽时间,使姜种出芽后外界温度已经适宜播种,一般距播种前20天左右进行催芽,催芽前,先用木板铺在支撑烟秆的木棒上,然后把姜种堆放在木板上,堆放姜种完毕后,烤房门口要关闭,进气口和排气口内墙要用钢网网住,防止老鼠入内咬吃姜芽,然后用作物秸秆、柴火、谷糠、锯末烧火,烧火时,要烧小火让烤房内的温度稳慢上升。烤房内的温度保持在20~25℃为宜,姜种在这个温度内出芽较慢,姜芽粗壮;温度在28~30℃时,姜种出芽快,姜芽比较细弱,温度高于35℃时容易烧伤姜芽,因此,当姜芽长出后,要注意烤房内的温度变化。催芽时,姜芽没有长出前,烤房要定时打开进气口和排气口进行通风换气。姜种芽眼开始露白时,进气口和排气口不要完全关闭,要留有小洞口,让烤房内空气流通,促进姜种发芽,姜芽长出后,要加大通风量。

(8)姜堆加覆盖物催芽法:姜堆加覆盖物催芽法是南方普遍采用催芽姜种的一种方法,南方厨房上有木板楼的,可以在木板楼上进行催芽,平时烧火做饭散发出的热气,使姜堆内温度升高,有利于姜种发芽。在北方可在室内地板上先铺一层稻草,然后把姜种堆放在稻草上面,最后用旧棉被、麻袋覆盖在姜种上面让其自然发芽。

(9)阳畦催芽法:在避风向阳处建造阳畦,一般阳畦深0.6米,宽1.5米,长度根据姜种的多少而定。在底部和四周铺10厘米厚的麦秸或干草,将晒好的姜种摆放其中,姜的厚度以30~35厘米为宜。在姜块上盖15厘米厚的麦穰,保持黑暗和疏松透气,最后放上拱架,盖好塑料薄膜,夜间加盖草苫,保证畦温20~25℃。有条件的可加铺地热线,以利于保持畦内温度稳定。阳畦内部通气好,温度较易控制,因而这种催芽方法所需时间短,幼芽整齐一致。

(10)大棚或温室催芽法:在大棚或日光温室内底部垫一层5~10厘米厚的麦穰或草纸,将晒好的姜种摆放其上,厚度30~35厘米,在姜块上再盖一层麦穰或草苫即可。根据天气情况人为控制大棚内(或室内)温度在20～25℃之间。该方法与阳畦催芽法一样省工省力,可缩短催芽时间3～5天。

(11)火炕催芽:将选好的姜种平铺在室内火炕上,在火炕的火道处应铺垫干砂、干土或木板,使炕面温度均匀。姜堆内每1平方米放置1支温度计,观测温度。种姜上面覆盖棉被,然后火炕加热,使姜堆内温度保持在23～25℃和80%～85%相对湿度为宜,经过15～20天出芽。

不论采用哪种催芽方法,催芽过程中最重要的管理工作是调节温度。据试验,在29～30℃条件下,催芽10天左右,芽长达1.5～2厘米,芽粗0.8～1厘米,芽较细长;在24～25℃条件下,催芽20天左右,幼芽粗壮,达播种要求;在20～21℃条件下,催芽30天,芽长1.6～1.9厘米,芽粗1.1～1.4厘米,幼芽肥壮,达播种要求;在16～17℃条件下,幼芽生长缓慢,催芽60天,芽长0.9～1厘米,芽粗0.8～1厘米,可以播种。由此可知,种姜在16℃以上即可开始萌芽,在20℃以下,发芽缓慢;在发芽过程中,以保持22～25℃较为适宜;如高于28℃,虽发芽较快,但姜芽往往徒长瘦弱。因此在催芽期间应按种姜发芽要求的适宜温度进行管理。否则,如温度过低,出芽太慢,影响适时播种。但温度亦不可过高,尤其是阳畦催芽,晴天中午应特别注意温度变化,若温度太高,应及时通风降温。

壮芽标准是芽长0.5～2厘米、芽粗0.6～1厘米、幼芽肥壮、顶部钝圆、色泽鲜亮。播种前,将姜种掰成50～70克的姜块,并根据肉色进一步淘汰有病姜种。

3. 发芽姜种的运输

一个姜球,一般有3～6个芽眼,先长出的姜芽,是这个姜球中较粗壮的姜芽,姜芽生长幼嫩,容易受到机械损伤,在姜种运输、掰姜种、播种的过程中,造成芽尖生长点受伤,姜芽就从芽中部长出细小的姜芽,姜芽基部受伤,受伤的部位就不能长出姜根,整个姜芽受伤严重,则姜芽腐烂。第一个姜芽腐烂后,姜球就从另一个芽眼长出第二个姜芽,后长出的姜芽比前长出的姜芽细小,出苗弱。因此,在姜种运输时要注意保护好姜芽,不使姜芽受伤。

贮藏姜种的地方,距离姜地较远,数量较多,需要机械运输时,要用木箱或纸箱把姜种装好后运输。装箱时,先在箱底垫一层稻草,然后把姜种竖着放,把碎成小块的姜种填到空隙的地方,把箱子装实,最后一层姜上面,盖上一层较薄的稻草,防止姜种在运输途中受到震动,造成姜芽受伤,也可以在早春温度回升后姜种未发芽之前,把姜种提前运输到姜种植地保管好,这样就可以避免姜芽受伤,如果姜种数量较少,姜种贮藏地距离种植地较近,可以用人工挑运。发芽的姜种运到姜地后,要用覆盖物覆盖在姜种上面,防止太阳光灼伤姜芽。

利用泥沙埋藏或利用洞窖贮藏的姜种,湿度较大,气温回升后,在姜芽长出的同时姜根也随之长出,姜芽、姜根生长洁白幼嫩,不耐风吹日晒,在运输、播种过程中如不将其保护好,让太阳晒到姜芽、姜根时间过长,姜芽容易被灼伤,姜根萎蔫,严重时枯死。因此,在运输时,木箱或纸箱内侧要放有塑料薄膜,装好姜后,将塑料薄膜扎盖好,不让风吹到姜种。播种时做到边掰姜种边放入姜沟边盖上,不让太阳照晒姜种时间过长。

第三章 姜的栽培方式及管理

姜生长需温暖湿润的气候,露地栽一般在春季栽播,夏季生长,秋季收获。采用地膜覆盖加小拱棚栽培,嫩姜收获上市可提前到4月份,而采用塑料大棚在冬季栽培生姜,11月初栽种,次年2月初可采收嫩姜上市,供应春节市场。同时栽培期间无病虫为害,可不施或少施农药,配合适当选地,合理施肥等无公害蔬菜栽培技术措施,即可达到无公害蔬菜栽培的标准。

第一节 姜的露地丰产栽培技术

姜喜欢新荒地,在新荒地里病害发生少,植株生长良好,根茎色鲜有市场竞争力。姜地不宜连作,连作病害发生严重。每年种姜之前都要进行选地,姜对土质要求不严格,水稻田、坡地、山弄地均可种植。同时姜种植要与水稻、玉米等作物轮作,姜瘟发病田要轮作四年以上,老菜地要种上水稻两年后才能种植姜。姜田应该是冬闲田,而冬季种菜田春季不宜种姜。

一、商品姜的露地栽培

(一)商品姜地的选择

姜是浅根作物,根系在土壤里分布不广,不能利用土壤深层的水分,凡土壤经常湿润的地块均适宜其生长。姜根茎在土壤里有向上生长的习性,生长期中要进行多次培土,根茎生长需要含氧量较高的土壤,所以要求土层深厚,土壤疏松的地块。姜根系短浅,吸肥能力弱,要求土壤溶液浓度较高,土质肥沃,有机质丰富。姜生长要求土壤酸碱度值在 pH 6.5~7,过酸、过碱均不适宜其生长。

1. 水稻田

土壤质地为砂土,偶有小块石头,可以看到个别砂粒,用手握之可成形,松手后即散,地下母质为河沙沉积,耕作层浅,有机质含量少,水分向下渗透性强,肥料流失快,夏秋季干旱,土壤失水迅速,当气温 34~36℃时畦面 10 厘米深以内的温度时常在 32~34℃,高温缺水会抑制植株生长,在这类土壤上种植姜,由于保水保肥性能差,植株叶色淡黄,叶尖焦枯,根茎细小产量低。如果田块水源充足,灌溉方便,则可种植,尾水田、灌溉困难的田块不宜种姜。

土壤质地为砂壤土,在田块里可以看出砂粒存在,土块里伴有砂粒粉、砂粒,耕作层一般厚度为 20 厘米左右,通透性良好,有机质含量比较丰富。如果田块地势低,犁底层经常湿润、排灌良好,则是姜种植的高产田;如果地势较高,砂壤土保水保肥能力不强,则产量不高。姜在砂壤土的生长特点是前期发苗快,后期容易脱肥早衰,根茎肥大,芽眼饱满,干物质多。

土壤质地由壤土、砂、粉砂和黏粒混合物形成,这类土壤保水保肥能力较强,有机质丰富,土壤通透性较好,如果耕作层深厚,不论地势低的田块还是地势高的田块,只要排灌良好,种植姜产量均较高。姜在这类土壤的生长特点是前期发苗迟,中后期生长旺盛,植株茎秆高大、分枝多,叶色青绿不早衰、根茎肥大。

土壤质地为重壤土、黏土,土壤有机质丰富,保水保肥能力强,通透性较差,土块硬,整地困难,当土壤含水量较高时,操作容易引起结块,天气干旱土壤含水量少时,畦面土壤容易板结。姜在这类土壤的生长特点是因土壤通透性差,土壤温度低,肥料分解慢,姜苗前期生长缓慢,后期因土壤保肥能力强,植株生长茂盛,茎秆叶片青绿,产量比砂壤土、壤土稍低。

2. 坡地

山坡上种植姜,是山区群众的习惯,由于山坡上木本植被和草本植被的枯枝落叶和根系腐烂后长年在土壤中积聚,20厘米深的表土层,颜色为黑色或灰黑色,土壤有机质丰富,下层土壤颜色为淡黄色,土层较坚硬,有较好的积聚雨水作用,保水能力较强,待树木砍伐后,开荒种植姜或在开荒造林的同时,施行姜林间种,姜在这类土壤里生长良好。

辨别山坡上哪块地土壤较肥,哪块地土壤较瘦,可以用杂草的生长情况来衡量,杂草生长茂盛的土壤土质较肥,杂草生长不良的土壤土质较瘦,光秃无杂草生长的土壤有机质含量少,不宜种姜。选用杂草生长茂盛、坡度较小、靠近小溪旁的山脚地,开荒种姜,姜会生长良好。

山坡上、芒萁生长的土壤为酸性土壤,20厘米深左右的表土层布满芒萁根,在芒萁生长的土壤里种植姜,植株发根困难,根茎短小分枝少,叶色淡黄,根茎表面被未腐烂的芒萁根为害呈凸凹不平,产量低,因此,芒萁生长的土壤不宜种植姜。

山坡上有一种浮土称为蚂蚁土,20厘米深以下没有较坚硬的土层,土壤非常疏松,这类土壤,肥料流失快,空气穿透性强,保水保肥能力差,植株容易受旱,因此,这类土壤不宜种植姜。

山弄平地、山弄田由于长期积聚着从山坡上流失下来的有机质,土层深厚,土壤疏松,有机质丰富,每天九点钟后太阳光才照射到,下午三点钟后有山头形成自然遮荫,夏季温度比平原低1～3℃,不影响植株生长,所以种植的姜茎秆高大,叶色浓绿,根茎肥大,是山区种姜的好地方。

3. 果园空隙地

平原地区,可以利用未成年的果园空隙地种姜,姜根系短浅,不存在与果树争肥现象,对姜施肥,果树可以利用姜剩下的肥料。在果园内种姜,可以减少果园内的杂草,由于不受到第二年春种的影响,如果当年市场上姜价格较低,冬季气候比较暖和的地方可以不收姜贮藏,待第二年5~7月份新姜未上市之前挖姜上市,往往可以卖到好价钱。

(二)整地与施基肥

1. 整地

(1)水稻田整地:利用水稻田种植姜的田块,晚稻收割后要进行冬耕,让土壤得到风化,第二年春土块松软有利于整地。

姜根系短浅,整地时力求做到土块细小,土壤疏松,有利于根系生长发育。

姜播种受时间限制较强,到适宜播种时间就要抓紧时间播种,因此在播种之前要先整好地,如果种植面积较多,要先提前整地,整地时可以利用机械整地,也可以用人力整地。利用人力整地时土块大、黏土重的田块,要经过耙平敲碎土块翻犁反复进行3次。提前整地时,可以先耕平敲碎土块翻犁进行2次,待姜芽长出后,到适宜播种时再进行耙平起畦,这样就可以保持土壤疏松。整姜地时,要注意土壤含水量,如果在土壤含水量较高时整地,容易引起土壤结块,土壤结块后种植姜,姜根发育不良,姜苗生长细弱,产量低,所以早春雨水较多的年份应待到土壤含水量适宜后整地。早春干旱的年份、土壤干燥、含水量少时,为了使姜播种后出芽粗壮,出苗快而整齐,可以对要整地的田块进行灌水,待水分含量适宜后整地。

年降雨量多的地方,要采用高畦种植,把畦沟内浮土培起后,要求畦高15～17厘米,畦面宽68～70厘米,畦沟宽40～43厘米,每畦种双行姜,畦长要根据田块的长短而定,田块长每6～8米断畦开沟,姜畦过长,引起畦沟中央积水,造成姜田排水不良。有的地方,起畦宽100～1200厘米,每畦种3行姜,在培土时要把土培到中间姜行就比较困难,排灌条件不如双行姜好。如果姜田是连片种植,要在每块田的左右边及上方起畦宽25～30厘米,高20～25厘米的堵水畦有利于排水。

(2)坡地整地:在坡地上种植姜,一般采用新荒地种植,要求提前两年开荒,如果当年开荒当年种姜,植株长势不好。在9月份开好的荒地,要在冬至前进行第一次翻地,以利于土壤风化。翻地时要敲碎土块,清除石头、草和树根,并且把荒地继续挖深,翌年立春进行第二次翻地,翻地时着重挖深和敲碎土块,在播种前10天进行第三次翻地,把土壤翻疏。新荒地经过3次翻地,要求土层深35～40厘米,土块细小,土壤疏松。第三次翻地完毕后,根据荒地的大小,每5米宽开一条从荒头至荒脚的排水沟,沟宽30厘米,沟深13～15厘米,在荒头上方开人字沟,沟宽40厘米,沟深25厘米,把荒地上方的雨水排出荒地外。

在坡地上开荒种姜,首先要考虑到荒地的排水问题,荒地不要开得过大过长,开得过大过长,下大雨时,雨水会冲毁姜垄,如果要进行连片开荒,要根据坡形水流情况,每开荒13～15米宽就要留出1.5米宽不开荒,作开排水沟用。在1.5米宽中间由上而下竖挖一条宽30～40厘米,深25～30厘米的排水沟。这样,水沟两边的土壤就不容易被雨水冲毁。

(3)果园空隙地整地:在未成年果树下种姜,其整地与坡地上新荒地的整地基本相同。在整地时,要根据树冠的大小,留出树盘,以免伤到果树根系,果园内地势较平的,应采用起畦种植,畦宽1米,畦高12～15厘米,种3行姜,园内要开好排水沟,防止下雨时园内积水。若果园有一定的坡度，则要开沟种植，若起畦种植，天旱时植株容易受旱。

2. 施基肥

姜一生中，各个时期对养分的需要量各有不同，幼苗期对氮、磷、钾的需要量都不大，进入旺长期后对磷的吸收量缓慢增加，而对氮、钾的需求量急剧增加。

根据姜对养分的需要量主要是中、后期的特点，重施以有机肥为主的基肥是姜高产的关键技术。基肥分有机肥、饼肥和化肥，有机肥在播种前结合整地撒施，一般每亩施腐熟农家肥5000～10000千克，施后翻耕；饼肥、化肥集中沟施，即在播种前将粉碎的饼肥和化肥集中施入播种沟中，一般每亩施饼肥75～100千克，氮、磷、钾复合肥50千克或尿素、过磷酸钙、硫酸钾各25千克。

南方种姜的施肥方式多采用"盖粪方式"，即先摆放姜种，然后盖上一薄层细土，再撒入农家肥或少许化肥，最后盖土3～4厘米左右厚即可。

（三）播种

1. 播种时间

姜露地播种时间要求比较严格，不能过早播种，也不能过晚播种，过早播种容易受到低温危害。如1996年，广西武鸣县有的农户，2月中旬就播种，当年早春发生倒春寒，气温在10～16℃之间，阴雨天气维持1个多月，土壤湿度大，温度低，造成姜田烂种烂芽，未腐烂的姜种由于被低温冻伤，温度回升后又从其他芽眼长出细小的姜芽，一般姜田缺苗15％～25％，严重的姜田可达30％～40％，长出的苗都是弱苗、僵苗。而倒春寒后清明节播种的农户，出苗整齐粗壮。播种过迟会出苗弱，如2009年立春，笔者播完一部分姜田后,遇到天连续下雨,还有一部分姜田到了清明节才能播种,播种时姜芽已长至2~3厘米,并有部分姜芽芽尖变绿,出苗弱,这一是由于姜种长芽后未能及时播种,存放时间过长,呼吸消耗本身的营养物质过多。二是播种过迟,姜苗破土时正遇上气温高达30℃以上的高温天气,阳光强烈,姜苗在高温环境中生长柔弱,亩产1500千克。而立春就能播种的姜田,姜苗破土时气温在22~27℃之间,天气阴凉,适宜姜苗生长,姜苗生长粗壮,亩产3200千克,因此,姜的露地种植要注意适时播种,播种前要求提前整好地,到播种时期要抓紧时间播种。

我国地域辽阔,南北气候相差很大,姜的露地种植播种期从南向北逐渐推迟。一般情况下广东、广西等无霜区从1月至4月可随时播种,7~12月随时收获。长江流域于4月下旬至5月上旬播种。华北地区于5月上旬至5月中旬播种,于霜前收获。但随着全球气候变暖,各地播种时间稍有差异。如武鸣县在十多年前,到春分前后才能播种,而现在立春就可以播种,因此,各地应根据当地气候条件来决定播种时间,一般气温稳定在16℃以上时就可以播种。

2. 播种方法

整地开沟后,选晴暖天播种。

(1)掰姜种:姜在播种前,要先掰姜种。掰姜种可以在贮藏姜种的地方进行,也可以将姜种运输到姜种植地后进行。用机械运输的姜种,应把姜种运输到姜种植地后再掰,掰姜种时动作要轻,防止姜芽受伤,也可以待开好姜沟后,边掰姜种边放入姜沟内。在掰姜种的过程中要注意姜头、姜球斩断处肉质部分的颜色,发现有变色的姜球,要将整个姜块淘汰。把发芽的姜球与不发芽的姜球分开,使出苗一致,方便管理。要注意单个姜球的重量,因为姜种干物质的重量是影响壮苗的主要因素。因此,在掰姜种时要注意每块姜种的重量,有的农户,为了节约姜种用量,把大的姜球用刀切成两三段,结果姜种品质虽然好,但出的苗都是弱苗、僵苗,这是因为姜种中的营养物质不够,所以姜种不要掰得过小,更不要把大的姜球切段后播种。第四批分枝的姜球较小,就要与第三批分枝的姜球连成一块姜种,主苗姜球出芽弱不能单独使用,要与第一批分枝的姜球相连接,一般要求每一块姜种重40~70克,若掰得过大,会增加每亩用种量。

(2)浇底水:因生姜发芽慢,出苗时间长,若土壤水分不足,会影响幼芽的出土与生长。为保证幼芽顺利出土,必须在播前浇透底水。浇底水一般在沟内施肥后,于播种前1~2小时进行,浇水量不宜太大,否则姜垄湿透,不便下地操作。底水渗下即可排放种姜。

3. 播种

(1)水稻田播种

①播种:在水稻田已经起好的畦面上,每畦开两条宽20~22厘米,深8~9厘米的姜沟,开沟时,姜沟深浅要均匀,两条姜沟要互相靠近,处地畦中央,如果把姜沟开在畦边缘,植株分枝后,会有部分姜球露出畦边,露出的姜球表皮呈绿色,姜球细小,同时培土困难。姜沟开好后就可以播种,把姜种平放,姜芽朝上,排放在姜沟内,姜种排放块与块之间的距离为12~15厘米,两条姜沟排放的姜种,姜芽要互相对向,这样姜苗长出后就不会靠近畦边缘,每亩种植4500~5500株,用种量300~400千克。

②施肥:整地时若未施基肥而采用盖粪方式,此时每亩用含氯三元复合肥30千克,施在姜块与姜块距离的中间,用40千克花生麸和20担(1担等于50千克)沤熟烂后的农家肥,施在复合肥上面。农家肥不要施在姜种上面,施在姜种上面容易烧伤姜芽。

③盖土:当施好肥后就可以盖土。盖土时,用畦沟中的浮土填

平姜沟,当畦沟中的浮土较多时,为防止盖土过厚,可以把部分畦沟土放在畦沟旁。在靠近断畦处,要把浮土起完,使之比畦中央深,下雨时,畦沟中央就不易积水。盖土时,要求畦面平整,较大的土块应敲碎,防止压在姜种上面,使姜芽出土困难。盖土以3~4厘米深为宜,盖土过薄,姜畦不加覆盖物白天阳光辐射,畦面土壤干燥,土温高影响姜种出苗和姜根伸展,姜苗出土长势弱,盖土过薄的姜畦,即使加覆盖物,姜苗出土后分枝快,如不及时培土,第一批分枝的姜球就细小。盖土过厚,深层土温低,氧气不足,影响根呼吸和生长,出苗迟、出苗弱、分枝少。因此,盖土时,边盖土边检查,发现盖土过薄或过厚要及时纠正。姜播种要做到边播种边施肥边盖土,不要待到整块姜田播完种后再盖土,以防止太阳光灼伤姜芽。

④覆盖:姜田播完种后要及时覆盖,若下雨土壤板结后覆盖效果不佳。覆盖时,可用稻草、麦秆、芒其秆覆盖,覆盖密度为70%,就是把姜畦完全覆盖后,能见到30%畦面土壤为宜,让太阳光辐射到畦面土壤,有利于土壤温度升高,覆盖过厚,超过3~4厘米,会完全挡住太阳光线,畦面土壤温度可能偏低。据测定,日温36℃时,覆盖度70%的畦面,10厘米深的土壤温度为33℃,覆盖物厚3~4厘米的姜畦,10厘米深的土壤温度为31℃,比覆盖度70%的畦面土壤低2℃,由于土壤温度较低,有机质分解较慢,根系发育不良,吸收能力下降,姜苗出土后茎叶呈淡黄色,生长不良,因此,覆盖时要防止覆盖物过厚。当姜田覆盖完毕后,用一些畦沟土压在畦面覆盖物上,防止覆盖物被风吹走。

姜畦加覆盖物,不仅畦面长草少,而且可以减少下雨时造成的土壤板结,保持良好的土壤结构,土壤疏松,提高土壤的保水能力,增加土壤有机质含量。加覆盖物还可使土壤温度变化缓和,使土壤温度、水分、氧气能够较好协调,有利于姜根系生长发育,从而提高姜根系吸收营养的能力,由于姜畦加覆盖物具有诸多优点,姜苗出土后生长健壮,产量一般在2500~3000千克。不加覆盖物的姜田,产量一般在 1500~2000 千克,特别是早春干旱的年份,增产效果更加显著。

(2)坡地种姜:在坡地种姜,一般采用单垄双株法种植。方法是根据山头坡度的大小来决定垄距,当坡度较大,垄距 80 厘米,坡度较小,垄距 65 厘米,垄底宽 15~20 厘米,垄深以开到距离实土层 10 厘米深为宜,开垄时应由荒头往下开。

①播种:播种时,先从上垄往下播种,在垄内每距离 18~20 厘米放两块姜种并把两块姜种互相靠近,姜种平放,姜芽朝垄内侧向上。

②施肥:整地时未施基肥的,每亩荒地用 15~20 千克含氯三元复合肥施在姜块与姜块距离的中间,用 750 千克农家肥施在复合肥上面。

③盖土:用垄上方的土壤来盖土,盖土厚 3~4 厘米。

④覆盖:用荒地边的杂草、芒萁秆来覆盖在姜垄上面,提高土壤保水能力。

(3)利用果园空隙地种姜:当果园有一定的坡度时,可以参照坡地开垄种植方法,果园地势比较平的,应参照水稻田起畦种植方法。

4. 合理密植

姜供食用的部分是植株根茎,其根茎的大小直接影响市场价格,市场上要求的姜根茎不但是单株的重量大,而且要求单个姜球肥大。食品加工的片姜、丝姜,都要求单个姜球肥大的根茎。市场上又肥又大的根茎比瘦小的根茎价格要高出 1 倍多,而且种植面积多的年份,瘦小的根茎往往卖不出去。根茎的大小除了受品种、姜种品质、栽培管理技术、水肥条件和病虫为害等因素影响外,跟种植密度有很大关系。种植过稀,尽管栽培管理技术高,单株根茎肥大,但产量不高,经济效益低;种植过密,不论如何增加施肥用量,如何采用高技术管理,由于植株营养面积少,叶片互相遮荫,下部叶片光照不足,光合作用面积少,故植株茎秆细长,根茎瘦小,产量虽然较高,但根茎产品不符合市场要求,经济效益也低。因此,姜栽培要在获得高产的同时,也要使产品符合市场要求,这样就需要合理密植。

南方种植的姜一般发生四批分枝,在较高的肥水条件和管理水平下,单株根茎重大多数在 0.5~1.2 千克之间,而单株根茎重在 1.5 千克以上是极少的,要依靠提高单株根茎重量来获得高产是比较困难的,因此各地要根据当地的具体情况来决定亩种株数。水稻田如土层深厚、土质肥沃、水源充足,再加上管理技术高,每亩可种 4500~5500 株;土质瘦、土层浅的望天田,每亩种株数为 3500~4000 株;旱地、坡地由于受到土壤水分限制较强,每亩种植 2500~3000 株。

北方姜播种时间比南方迟,霜冻来得早,生育期比较短,植株分株数较少,亩种株数可以比南方多些,一般亩种株数 5500~6500 株为宜。

种植密度是否合理受品种、土壤、肥水条件、播种期、播种量以及田间管理水平等多方面因素影响。因此,合理的种植密度不是固定不变的,应该因地制宜,根据品种和具体条件来确定。通常大姜品种(如莱芜大姜)长势强,单株产量高,应适当减小密度,以提高商品品质;小姜种(如莱芜片姜)长势较弱,单株产量低,则应适当加大密度,以充分利用空间,提高光能利用率,达到高产的目的。同一品种在土质肥沃、肥水充足的条件下往往茎叶繁茂、植株高大,因而株行距应适当加大;相反,在山岭薄地及肥水不足的条件下往往植株矮小,因而营养面积也应适当减小。在中等肥力水平土壤上种植大姜,每亩播种以 5500~6000 株、行距 60~65 厘米、株距 20 厘米为宜;小姜则以每亩播种 7000~7500 株、行距 50~55 厘米、株距 18~20 厘米为宜。

5. 开排水沟

姜根系短浅,吸水能力弱,生长对水分要求迫切,在湿润的土壤里生长良好。但水分过多则对其生长不利:姜播种后,盖土时畦沟深浅不一样,若遇连续下雨,畦沟积水,时间过长,会引起烂种烂芽;姜苗根系不耐淹渍,畦沟积水容易引起烂根长成僵苗;生长期中畦沟积水,各种病害发生严重。因此,雨水多的地方种姜,要采用高畦种植,同时也要搞好姜田的排水工作。

姜田开排水沟,可以在整好地后播种前进行,也可以在播种完毕后进行。用水稻田种姜,当姜田左右边及上方的田块是种植水稻时,就在姜田的左边、右边及上方的畦沟挖深10厘米、宽10~15厘米的水沟,把开沟的土壤放在靠近水沟的姜畦的畦沟旁,姜畦是东西向的,在姜畦的断畦处开一条比畦沟底深5厘米、宽10~15厘米的水沟,此沟称为断畦沟,姜田的雨水由断畦沟排出,姜田田块较长,姜畦是南北向的,可以多次断畦,除了在断畦处开沟以外,要在姜田的中间用一条畦沟往下挖深7~10厘米、宽15~20厘米的水沟,就是把畦沟改成水沟,水沟连通所有的断畦沟,把姜田的雨水往下排,做到雨过沟干。如果姜田是连片种植,就要考虑到姜田发生姜瘟病后的排水问题。当姜田靠近大水沟或小溪,各块姜田的雨水应向水沟或小溪排出。不让上田水排向下田,避免上田发生姜瘟病后,病原细菌随着雨水往下侵染蔓延。如果大水沟、小溪在田块的左边或右边,先在断畦处挖好断畦沟,然后把姜田中的一条畦沟挖深10~15厘米、宽15~20厘米改成水沟,把姜田中的雨水排向大水沟或小溪。

如果田垌中没有大水沟或小溪,又是连垌种植,上田水需要排向下田,在整好地后起畦时,要在每块田的上方以及左边和右边,起宽30~35厘米、高20~25厘米的堵水畦,堵水畦要求距田边25~30厘米,把堵水畦沟底的浮土起完,然后在畦沟底挖深20~

25厘米、宽25~30厘米的水沟,让上田水由姜田左右边的堵水畦的水沟排出。堵水畦上可种植不受姜瘟病细菌侵染的芋头,这样上田发生姜瘟病,下田就不容易受到病菌的侵染。

靠近山脚的姜田,除了搞好姜田的排水沟外,要在距离姜田10~15米的山坡上开人字沟,沟宽30~40厘米、深60~70厘米,山坡上的雨水由人字沟排出姜田外。

(四)田间管理

1. 出苗前管理

姜从播种后到出苗这段时期,如温度适宜姜芽生长,能不能长出壮苗,是受到土壤水分影响的。姜种在土壤里要长芽、生根、出苗,这一过程除本身含有的水分供给以外,还要从土壤吸收较多的水分,才能满足其生长要求。在一般情况下,姜种的正常含水量在70%~80%,在这个范围内,姜种的生理代谢功能不受影响,如含水量低于正常,时间过长,其生理代谢功能将受到阻碍。笔者在多年的栽培中发现,早春雨水均匀的年份,或干旱能灌水的姜田,土壤含水量和姜种正常含水量基本平衡时,姜芽、姜根生长粗壮,出苗快、出苗壮,姜苗茎高叶长,生长旺盛。早春严重干旱没有灌溉水的姜田,土壤非常干燥,含水量不足50%,姜种失水严重,出芽、出根细、少,出苗迟、弱,姜苗茎矮叶短,茎叶呈淡黄色,生长缓慢。

为保证生姜顺利出苗,播种时必须浇透底水,通常直到出苗达70%左右时,才开始浇第一水。但也应根据当地的土质及墒情灵活掌握,如为沙质土壤,保水性差,遇干旱天气,虽然尚未出苗,但土壤已十分干燥,在这种情况下,应酌情浇水。浇了这一水之后,需经常保持土壤湿润,以防土壤表面板结,影响出苗。如为黏质土,保水性好,则可待出苗70%左右再浇水。出苗后的第一水要浇得适时,不可太早或太晚。如浇得太早,土表易板结,幼芽出土困难,易造成出苗不齐。若浇得太晚,姜芽受旱,芽尖容易干枯。山东莱芜姜区的经验是在浇第一水后2～3天,紧接着浇第二水,然后中耕保墒,可使姜苗生长壮旺。

有的年份,姜播种后,连续下雨,姜田排水不良,畦沟积水,特别是采用低畦种植的姜田,因畦沟积水,水浸到姜种,时间长了会引起烂种烂芽,未腐烂的姜种由于土温低,氧气缺乏,姜根发育不良,并有部分姜根腐烂,姜苗出土后长成弱苗或僵苗。因此,土壤水分过多对姜苗生长不利,播完种后要及时搞好姜田排水,做到下雨时畦沟不积水。

姜根系再生能力不强,播种后至出苗这段时期,由于姜田排水不良引起烂根,或由于天旱缺水引起姜苗生长不良以后,要依靠加强管理和增施化肥来进行补救是很困难的。如有的农户发现姜苗生长不好,在培土时施入大量化肥,结果由于化肥施用量过多,烧伤了姜苗根系,长成僵苗。

姜播种后至出苗前这段时期,是姜高产栽培的关键之一,品质优良的姜种能不能出壮苗,姜田的水分管理就显得十分重要。

2. 间苗补苗

利用品质优良的姜种种植,姜种掰得较大,播种后雨水均匀,有一部分姜种可以同时长出两三株苗,而有部分姜种,由于姜芽受伤严重或地下害虫咬吃姜芽,造成缺苗,可待齐苗后,用一穴出多株苗的姜苗补到空穴上。

方法是:选择一块姜种同时长出两三株苗的地方,用一头尖的小木棒扒开姜苗基部的土壤,发现老姜后,根据姜苗从老姜长出的位置,从中选出比较粗壮的姜苗,然后用小刀把老姜切成两部分,使要间出的姜苗和一部分老姜连在一起,有利于缓苗,用小木棒轻轻把姜苗连根带土提起,放入已挖好的缺苗穴内回土埋好,淋上定根水,过后淋水两三次,姜苗可以成活。旱地要在下雨时或在雨后土壤湿润时进行补苗,有利于姜苗成活。姜田中,有的姜种被地下害虫吃掉姜芽后,姜种又从其他芽眼长出两、三株僵苗,如有多余的姜苗能够补上,把僵苗连同老姜挖出,用较粗壮的姜苗补上,如果没有姜苗补上,就将其中较好的姜苗留下,将其余的僵苗拔掉。

当姜田补完苗后,仍有一部分姜种有多株苗的,要根据姜苗生长的情况进行选留,如有两株苗生长粗壮都均匀,应把两株苗留下,有一株苗较大,有一株苗较小,要把较小的姜苗间出,如同时长出三株苗,一般留下两株苗,把其中较小的姜苗间出。

3. 幼苗期水分管理

生姜喜湿润而不耐干旱,但其根系较浅,吸收水分能力较弱,难以利用土壤深层的水分,因此,必须合理浇水才能满足生姜生长的需要。

幼苗期植株小,生长慢,需水不多,但幼苗期对水分要求比较严格,不可缺水。幼苗前期以浇小水为宜,浇水后趁土壤见干见湿时,进行浅锄,松土保墒,有利于提高地温,促进根系发育。幼苗后期,处在炎夏季节,天气干热,土壤蒸发量大,应适当增加浇水次数,经常保持土壤相对湿度65%～70%,既防土壤干旱,又可降低地温。夏季以早晨或傍晚浇水为好,不要在中午浇水。在整个幼苗期,要注意供水均匀,不可忽干忽湿,若供水不均匀,不但姜苗矮小,生长受到抑制,而且发生的新叶,常扭曲不展,群众称为"挽辫子",影响姜苗正常生长。

4. 扒种姜

扒种姜实质上是对姜苗进行"断奶"。当姜苗有六片叶以上时,其叶片的光合作用以及根系吸收土壤营养的能力不断增强,姜苗离开种姜已经能够独立生活,此时就可以扒种姜。扒种姜有两个好处,其一是每种植50千克姜种可以回收25～35千克种姜。

如有的年份,冬季购买姜种时,每千克姜种价格为3元,第二年卖种姜时每千克种姜价格为6元,扣除购买姜种成本以外,还有盈余。如果待到姜成熟以后连同新姜一起收,有的种姜已经腐烂,没有腐烂的种姜价格很低,因此只要动作熟练,每个人每天可扒种姜50千克以上。可见扒种姜是一项经济效益高的工作。其二是可以清除带菌姜种,如姜种带有丝核菌根茎腐烂病的菌丝体,在姜种贮藏期间,菌丝体表现不明显,播种后温、湿度适宜,菌丝体继续在姜种表面扩展为害,发现后将姜种连同新姜及病穴周围的土壤清除掉。

拔种姜时,可以根据姜苗叶片的方向来断定种姜所在的位置。当姜苗茎秆两边的叶片是南北向时,则种姜就在植株基部的东边或西边;当姜苗茎秆两边的叶片是东西向时,则种姜就在植株基部的南边或北边,认准方位后,用一头尖的小木棒慢慢扒开表土,见到种姜后用左手压住姜苗基部,右手用小木棒轻提起将种姜与新姜切断。取出种姜,然后用土回封取姜的洞口,防止姜根外露。整个过程动作要轻,以免过多切断姜根,影响姜苗生长。如果种植面积较多,扒种姜时可以分批进行,先扒具有6片叶以上的姜苗,对未满6片叶的姜苗过后再扒,对长势较弱的姜苗可以不拔。因为长势弱的姜苗扒种姜时造成断根,姜苗需要恢复的时间长。旱地要待下雨土壤湿润后扒种姜,天气干旱土壤干燥不宜扒种姜。为防止因扒种姜后降低姜苗对干旱的抵抗能力,不利于姜苗生长,可以先对姜田灌水后再扒种姜。

收回的种姜,可以直接拿到市场出售,也可以将种姜用泥沙埋藏起来,这样可以避免因收种姜期集中上市造成市场价格下降。埋藏时可以采用低层、室外埋藏,使埋藏后的种姜姜堆不高,种姜长出的姜芽能够穿出土面,长出新的植株从而延长种姜的寿命。

埋藏方法是将腐烂、受伤严重的种姜清理出来,选择排水良好的菜地,房前屋后的空隙地,把种姜堆高成8～10厘米、宽1～

1.2米,长由种姜的数量而定,堆完后盖一层4～5厘米厚的泥沙,由于扒种姜正是高温多雨季节,种姜扒回后要及时埋藏,避免细菌从伤口侵入造成烂姜。埋藏后姜堆上面要覆盖一层较薄的稻草,不让太阳光辐射到姜堆上面的土壤,使姜堆内的温度不高,在姜堆四周围开好排水沟,不让雨水浸到种姜,姜芽穿出土面后,如果天气干旱,可以向姜堆淋水,保持姜堆内经常湿润。用此法埋藏,可以将种姜保存1～2个月。在种姜埋藏期间,可以根据市场需求随时挖姜上市。

5. 追肥与培土

姜苗出土叶片展开以后,叶片通过光合作用合成碳水化合物,供给本身的各个生长器官生长发育,这一过程,根系要从土壤里吸收参与细胞分裂所需要的氮、磷、钾等养分,这一阶段,姜苗虽然吸收量较少,但对整个生长期起着重要作用,如这个阶段营养不足,则影响姜苗的分枝速度和分枝数量。营养充足的姜苗,一般9～10片叶开始分枝,而营养较差的姜苗一般12片叶以后才开始分枝,姜苗分枝前的营养状况,对分枝的数量和分枝苗姜球的大小影响较大,营养良好的姜苗,第一批分枝由姜苗基部的姜球两侧各长出一个分枝苗,并且分枝苗的姜球肥大,当姜苗营养较差的时候,有一部分姜苗只发生一边分枝,并且分枝苗的姜球较小。若第一批分枝苗姜球肥大,以后所发生的分枝苗的姜球也肥大,当第一批分枝苗姜球较小,以后所发生的分枝苗的姜球也较小。因此,姜田在培土之前对姜苗进行施肥可以提高姜苗的光合作用,促进根茎叶的生长,对产量的构成起着关键作用。

(1)培土:姜根茎生长发育要求黑暗的土壤环境,植株的分枝苗,在地下部分形成根茎,出土部分长成茎秆,其根茎的长短受到培土高低的影响,培土高,根茎细而长,培土低根茎短而肥大。整个生育期不培土,则根茎在土壤表面呈不规则排列,根茎露出土壤表面部分表皮呈绿色,姜球细小。

南方种植的姜,一般发生四批分枝,培土应该掌握在分枝苗未破土前进行,使分枝苗在土壤里形成姜球有一定的高度。如何确定第一次培土时间呢?由于品种、姜苗的营养状况不同,用主苗的出叶数来确定比较困难,如第一次培土过早,姜苗生长幼嫩,影响姜苗生长,培土过迟,待第一批的分枝苗破土后再培土,则第一批分枝苗的姜球就短。一般姜田中的主苗有5%~10%发生第一批分枝时就可以进行第一次培土,培土高5~6厘米。第一次培土不宜培得过高,培得过高,则第一批分枝苗的姜球细长,使第二批分枝苗的节位升高。第二次培土时畦沟就没有足够的土壤,以后发生分枝苗的姜球容易露出畦面土壤。当主苗有2~3个分枝,第二批分枝苗未破土之前,进行第二次培土,这次培土要求培高一些,把土培到畦中央的植株茎秆基部。培土时,应用畦沟底的土壤,不可用畦边缘的土壤,以免植株姜球露出畦沟。第二次培土要求每条畦沟深浅均匀,便于夏季高温灌浅水时沟沟有水。

当第二次培土时遇上高温,温度超过35℃,土壤干燥,可以先对姜田灌水,不能灌水的姜田要用机械喷水,让土壤湿润后再培土。在高温土壤干燥时培土,培土时造成断根,植株抵抗高温能力下降,会导致其他病害发生。

在坡地上种姜,培土时要用垄上方的土壤来培土。第一次培土高6~10厘米,并把土培到垄外围,使垄外围的土壤比垄内稍高。如果第一次培土,不把土壤培到垄外围,待第二次培土时由于植株分枝苗增多,要把土壤培到垄外围就很困难。第一次培土后1个月左右,待植株分枝苗增多,分枝苗姜球长出根,吸肥增强以后就可以进行第二次培土。这次培土,要根据植株的长势来决定培土的高低。植株茎秆高大生长旺盛的坡地,培高10~12厘米,植株茎秆矮,长势弱的培高6~8厘米。经2次培土后植株根茎长15~20厘米为宜。如有的农户,姜整个生育期只培一次土,一次性培高20厘米以上,由于培土时姜苗生长幼嫩,姜根在较深的土壤里呼吸强度弱,生长不良,植株长势弱,其根茎又瘦又长,产品不符合市场要求。

在平地里采用开沟种植的姜,培土时可用沟两旁的土壤来培土。经2次培土后就可以把沟变成垄,其他方法跟坡地培土相同。

(2)追肥:姜根系短浅,在土壤里分布不广,吸水吸肥能力弱,如果施肥方法不当,极易造成烧根,长成僵苗。姜对氮肥比较敏感,氮肥施用量在一定范围内随着施用量增加产量可以得到相应提高,因此要正确掌握施用量。如有的农户,发现姜苗长势比较弱,在苗期施肥时,亩施20~25千克尿素,结果长成僵苗。又如有的农户姜苗长出后,长势非常好,但在培土时施入大量氮肥,结果也长成僵苗。姜和其他农作物生长不相同,其他农作物施肥时造成烧根以后,过一段时间可以得到恢复生长。但姜施肥时造成烧根以后要恢复生长就很困难。因此,要掌握好施用量、施用时期和施用方法。

在苗期施肥时尿素不超过12千克,施肥后要隔半个月以后才能进行第一次培土施肥。第一次培土施肥1个月以后才能进行第二次培土施肥。

在每次培土时施肥量如下:

①亩用含氯三元复合肥40千克,农家肥20担,花生麸35~40千克,花生麸和农家肥沤熟烂以后使用。将农家肥、复合肥施在株与株距离的中间,不宜施近姜苗基部,防止肥料烧伤姜苗。用复合肥、农家肥、花生麸作培土用肥比较安全,不容易烧伤姜根,能使植株生长旺盛,根茎含纤维多,肉质坚实,可作留种姜田施肥。

②亩用碳酸氢铵50千克,过磷酸钙20千克,氯化钾10千克混合好,农家肥20担,花生麸40千克,花生麸与农家肥沤熟后使用。施肥方法同上。

用化肥、农家肥和花生麸作培土用肥,植株茎秆高大,叶色浓绿,根茎肥大产量高,根茎产品在市场很有竞争力。

6. 适时遮荫

生姜为耐阴植物,不耐高温,不耐强光,在花荫状态下生长良好。生姜幼苗期正处在初夏季节,天气炎热,阳光强烈,空气干燥,如无遮荫措施,则姜苗矮黄,生长不良。遮阳方法多种多样,有条件者可用遮阳网,也可以根据各地情况就地取材。

(1)遮荫的作用

①遮荫可减弱光照强度,避免强光直射,为姜苗生长创造适宜的光照条件。生姜幼苗期,正处在夏季高温季节,阳光强烈,中午前后,自然光强度达8万勒克斯以上,插姜草后,可遮光65%～70%,使姜苗处在花荫状态,也就是姜区群众所说的"三分阳七分阴"的状态。经多次测定,当自然光强为7万～8万勒克斯时,遮荫姜田的株间光强为2.4万～2.6万勒克斯,约为自然光强的30%左右,对生姜生长比较适宜。从6月中旬姜田光照强度的日变化来看,遮荫姜田在一天当中,光照一般不超过5万勒克斯,姜苗大部分时间处在较适宜的光照条件下,而不遮荫姜田,姜苗大部分时间(7小时以上)处在5万勒克斯强光下。

②遮荫可改善田间小气候,为姜苗生长创造适宜的环境。据6月中旬至7月中旬测定,遮荫可降低温度。在晴朗天气,气温可比不遮荫田降低1～2℃,阴天降低0.5～1℃。遮荫对0～5厘米处地温影响较大,晴天,可比不遮荫田降低3～6℃,中午可降低5～6℃,早晨和傍晚可降低1.5～4℃。在干热天气,遮荫可减少水分蒸发,使土壤水分比较稳定。同时,还可以保持空气湿润,减轻干热风对姜苗的不良影响。

③遮荫可减轻强光对叶绿素的破坏作用,使姜叶保持较高的叶绿素含量,提高光合作用,降低蒸腾速度,对促进姜苗旺盛生长起重要作用。

(2)遮荫的方式方法：生姜出苗达50％时及时进行姜田遮荫，促进姜苗健壮生长。推荐使用遮阳网遮荫，姜农也可根据各自的条件选择其他的遮阳方式，但要注意采用插姜草遮荫，因柴草多带病虫残体，特别是玉米秸内越冬的玉米螟虫很有可能带入姜田，增加了姜田螟虫基数，加重生姜螟虫发生程度，不利于姜田病虫害防治，且插姜草费工费时，成本偏高。

①遮阳网遮荫：采用遮阳网遮荫，其遮荫均匀一致，不破坏地膜的完整，便于田间管理，姜苗生长势旺，具体方式有高位棚式遮阳网（利用水泥柱、竹杆扎成2米高拱棚架，扣上遮阳网，宜选择遮光率为30％的遮阳网）、条幅立式遮阳网（将遮阳网成幅立式拉于生姜行间，用竹、木固定，形似惯常的姜草方式，幅宽60～65厘米，可选择遮光率为40％的遮阳网）、农膜打孔遮阳网（选用黑色带孔农膜，拉于生姜行间，用竹、木固定）。

②其他遮阳方式：北方传统的遮荫方式是"插姜草"或称"插影草"，即用谷草插成稀疏的花篱为姜苗遮荫，具体方法是种姜播种后，趁土壤潮湿松软时，在姜沟的南侧插上谷草，每3～4根谷草为一束，按10～15厘米的距离交互斜插土中，并编成花篱，高70～80厘米，稍稍向北倾斜10°～12°，使姜沟沟面呈花荫状态。每亩用谷草400千克左右。如为南北向沟，应将谷草插在姜沟的西面。山区种姜，可就地取材，如山东莱芜市的丘陵地区栽培生姜，用干柞树枝代替草，也具有良好的遮荫效果。但用新鲜杨树枝遮荫的，在很短时间内树叶就会落光，遮荫效果较差。

安徽铜陵姜区，于姜苗高15～18厘米时，用木棍或竹竿支架搭棚遮荫，称"搭姜棚"。架高1.6～1.7米，架上铺盖茅草、麦秆或油菜秆，然后用绳固定。铺草不可过稀或过密，据铜陵委农经验，以姜棚下保持三分阳七分阴的花荫状态为好。

浙江省临平姜区，多搭矮棚遮荫，即苗高14～16厘米时开始搭棚，棚高1米左右，在每一畦上搭2行竹竿，在2行竹竿上再绑横杆搭起棚架,然后用蒿秆稀疏地盖在姜棚上以遮阳光。

湖南省姜区,多在生姜出苗后,选用有杈松树干或直径7厘米以上的竹竿4根,根据畦的长度和宽度插入土层30～40厘米,然后在上部用4根竹竿缚绑成一层横铺的骨架,架高一般在1.3～2.4米,架上均匀地铺盖麦秆或稻草,每亩250～400千克,这样的天棚遮光度一般在70%～75%。

在湖南新邵、邵东、隆回等地,有在姜田里插马尾松枝或杉树枝遮荫的。用松树护荫时,一般每亩需170～220个,高度2～2.4米。插枝时要注意插匀插稳,不可过稀或过密。

有的地区采用姜菜或姜麦间作方式为姜遮荫。如广东省实行姜芋间作,即于姜畦四周栽培芋头,芋头植株高大,可为生姜起遮荫降温作用,9月以后,光照渐弱,温度也逐渐降低,芋头便可收获。湖南有实行姜瓜间作的,方法是每两畦搭一棚架,畦边种植苦瓜或丝瓜,待苦瓜或丝瓜甩蔓以后,顺着棚架往棚上爬,为生姜遮荫。湖南新邵、邵阳、邵东各地,在姜田行间或畦沟种植玉米、向日葵等高秆作物遮荫,效果也较好。山东莱芜市及滕州市姜区,采用麦姜套种方式,即第一年收姜以后,按50厘米行距种植小麦,第二年立夏前后在小麦行间套种生姜,芒种前后收获小麦时,只割下麦穗,留下麦秆为生姜遮荫,这样不但提高了土地利用率,而且减少了购买姜草的费用,降低了生产成本,这种栽培方式已在生产上大面积推广应用。

通常北方在立秋以后,长江以南在处暑以后,天气逐渐转凉,光照渐弱,即可拔除姜草或拆除姜棚。如遮荫物拆除过晚,容易造成植株徒长致使产量降低。遮荫栽培的生姜,植株生长势强而分枝多,尤其在苗期表现更为明显。不遮荫的姜田,则姜苗矮小,长势不旺。遮荫姜田一般可比不遮荫姜田增产15%～23%。

7. 壮苗、弱苗、僵苗、徒长苗的判定

姜田中,分辨出壮苗、弱苗、僵苗、徒长苗,一般用苗的高度、叶鞘平均距离、叶片平均宽、叶片平均长、苗基部直径、第一片叶距地面高度来衡量。

以下是在姜苗有11片叶时测定的结果。

(1)壮苗:苗高78厘米,苗基部直径1.4厘米,叶鞘距离27厘米,叶片宽3.3厘米,叶片长22.2厘米,第一片叶与地面距离高21厘米,主苗基部姜球肥大,姜根粗且多,叶色浓绿分枝早。当主苗茎秆粗壮,以后发生的每批分枝苗高而粗壮,植株根茎肥大,所以壮苗是高产的基础。

(2)弱苗:苗高62厘米,苗基部直径1.2厘米,叶鞘距离2.4厘米,叶片宽3.1厘米,叶片长19.7厘米,第一片叶与地面距离高16厘米,姜苗基部姜球比较小,姜根较细,叶色淡黄,分枝较迟。引起弱苗的主要原因有:姜种品质差,姜种在运输过程中受伤严重,掰姜种过小,播种过深盖土过厚,畦面加覆盖物过厚,播种过迟,播种后遇到天旱、土壤干燥。

(3)僵苗:苗高47厘米,苗基部直径1厘米,叶鞘距离2厘米,叶片宽2.4厘米,叶片长13厘米,第一片叶距离地面高11厘米,姜苗基部姜球瘦小,姜根细而少,分枝少。引起僵苗的主要原因是:播种时姜芽受伤较严重;姜芽被地下害虫为害;施用未发酵熟烂的农家肥引起烧根;播种时间过早,姜种受到低温危害;采用低畦种植,姜田排水不良引起烂根;用带菌的姜种种植,姜苗刚破土后姜种就腐烂;氮肥施用量过多造成烧根。

(4)徒长苗:苗高90厘米,苗基部直径1.2厘米,叶鞘距离4厘米,叶面宽3厘米,叶片长21厘米,第一片叶距地面高度19厘米。徒长苗分枝少,根茎品质差。引起徒长苗的主要原因是植株光照不足。

以上是引起弱苗、僵苗、徒长苗的主要原因,姜栽培中要排除这些不良因素,以减少弱苗、僵苗、徒长苗的发生。另外,根茎中,由于姜球所在位置不同,出苗的粗细也不相同。一般第二、第三、第四批分枝苗的姜球出苗比较粗壮,这是由于植株光合作用产生的有机质分配到这些姜球较多,姜球的营养物质丰富。而第一批分枝苗的姜球出苗较弱,一方面是第一批分枝苗的姜球经掰姜种后,姜球斩断处较多,愈合这些伤口,要消耗姜球本身较多的营养物质,使营养物质减少;另一方面是第一批分枝苗的姜球出芽在姜头顶部,而顶芽比侧芽细,造成出苗较弱,所以在掰姜种时,一般将第一批分枝苗的姜球与主苗姜球互相连接。

8. 姜田除草

利用水稻田种植的姜,由于晚稻收割时有一部分稻谷遗落在稻田里,田埂上的杂草种子也撒落在田中,特别是前作为旱地作物的田块,杂草种子更多,播种后,香苗、杂草便陆续钻出土面。香苗、杂草根系发达,吸肥力强,生长迅速,如果不及时除草就与姜苗争肥,甚至造成草荒。

姜田播种后,一般不用除草剂做土壤处理,如用丁草胺、乙草胺对土壤喷雾后,都发生不同程度的药害,特别播种时姜种已经长芽,播后遇上阴雨天气,发生药害更为明显。表现为植株茎秆矮,叶片短,叶色浓绿分枝迟。因此姜田提倡覆盖稻草,一能减少水分蒸发,二能减少杂草数量。

姜苗未破土时如用草甘磷对畦面、畦沟的杂草喷雾,也会发生药害,因此草甘磷不能在姜田上使用。畦面上的杂草应用人工拔除,畦沟两旁及畦沟底的杂草亩用150~200毫升百草枯喷雾,百草枯对露出畦沟土壤的姜根不发生药害,只要药液不喷到植株茎叶,在姜田上使用安全。喷药时先用碗型塑料罩盖住喷头上方,防止药液喷到姜苗。可选无风日喷药,在杂草幼苗期就喷药,待到杂草长高后喷药时喷头距地面高,药液容易喷到姜苗。入秋后,姜生长进入旺盛时期,两畦的植株茎秆完全盖没畦沟,畦沟里的杂草要勤喷药,植株基部的杂草用人工拔除,保持畦沟通风透光,减少病害发生。

9. 夏季管理

立秋前,阳光强烈,时有 34～36℃的天气,由于植株分枝少,叶片不能完全覆盖畦面土壤,畦面土壤 10 厘米深以内的温度高达 32～34℃。栽培中发现,植株在高温的环境中叶面蒸腾强,对水分要求迫切,若在高温时期遇到天旱,土壤干燥,植株叶色淡黄,分枝出叶受到抑制,斑点病、立枯病发生严重。而在天旱时能够经常灌水的姜田,植株叶色浓绿,分枝出叶正常,斑点病、立枯病发生较少。因此,在立秋前,若天气干旱,要对姜田灌浅水,每 2～3 天灌一次,每次灌水深 5～7 厘米,经常保持土壤湿润,降低土温,促进植株生长,提高植株抗高温、抗病能力。降雨量多的地方,要注意搞好姜田的排水工作。低洼田,下大雨、暴雨时要防止雨水淹没姜畦,姜瘟发病田要搞好病田水的排出工作,有条件的尽量不把病田水排向不发病的姜田,减少病害蔓延。

10. 秋季管理

姜植株的第三、第四批分枝苗在入秋后发生,秋季是产量形成的关键季节,植株地上部生长旺盛,地下部根茎膨大迅速,对肥水要求迫切。因此要注意抓好姜田的肥水管理工作。如果天气干旱,要每 3～5 天对姜田进行灌浅水一次,每次灌水深 7～10 厘米为宜,保持畦沟土壤经常湿润。当植株发生第三批分枝苗破土后,要根据植株生长状况进行施肥,如植株生长过盛,叶色浓绿,叶片完全覆盖畦沟的姜田可以不施肥。这类姜田补施化肥,会引起植株茎叶徒长,造成姜田透光面积少,容易引起白绢病发生。对植株长势中等和长势较差,叶色淡黄的姜田要补施化肥,每亩用尿素5~8千克,氯化钾5~7千克兑水施入,也可以在灌水时把化肥施入畦沟里,每隔10天施一次,一共施2~3次,可以防止植株早长,保持茎叶青绿,提高光合作用,促进根茎肥大,同时要拔除畦沟内的杂草,保持姜田通风透光。秋季姜田是各种病害发生最多的时期,要经常检查,发现病害,要及时防治,减少病害蔓延。

(五)商品姜的收获

姜收获期比较长,采收嫩姜的,可在夏末秋初开始采收,这个时期,姜块嫩,含水分多,辣味淡,适用于食品加工和家庭调料,新姜刚上市价格好。收老姜的时间,各地可以根据当地气候条件来决定,北方霜冻来得早,应在霜冻来到之前收姜贮藏,避免姜块受到冻害。南方的高寒山区,在冬至前10天收姜贮藏。全年霜期少,冬天比较暖和的地方可以不挖姜贮藏,让其根茎在原地越冬,第二年春,根据市场需求随时挖姜上市。1999年冬的一场严重霜冻,武鸣县马头乡夜间最低温度降至-4℃,种植在果树下、坡地上、水田里的姜,除了露出土面部分的姜球受到霜冻腐烂以外,其余未露出土面的姜块,没有发现腐烂。因此,冬季不收姜贮藏的地方,对露出土面部分的姜球,要用畦沟土来覆盖好,防止受到霜冻危害。

1. 收嫩姜

收嫩姜要在根茎旺盛生长期,趁姜块鲜嫩时,提前于白露至秋分收获。此时根茎组织柔嫩,姜丝少,水分多,辛辣味淡,适于腌渍、酱渍或加工成糖姜片、醋酸盐水姜芽等食品。但此时根茎尚未充分发育,产量较低。

2. 收老姜

一般于10月中下旬,初霜到来之前,地上茎尚未霜枯时收获。此时气温已降至11～15℃,根茎组织已充分老熟,是老姜的主要收获季节。收获前3～4天,先浇一水,使土壤湿润,便于收刨。若土质疏松,可抓住茎叶整株拔出,轻轻地抖掉根茎上的泥土,然后自茎秆基部(保留2～3厘米地上茎)掰去或用刀削去地上茎,随即将带有少量潮湿泥土的根茎入窖贮藏,无需晾晒。

二、姜种的培育

姜的高产栽培是建立在品质优良姜种的基础上的,姜种品质居第一位,栽培管理技术居第二位。如果采用品质差的姜种种植,不论栽培管理技术多好,要想获得高产是不可能的;用品质优良的姜种种植,没有较高栽培管理技术,也不可能达到高产,只有两者相结合才能获得高产。因此,姜种培育,在姜高产栽培中是第一个重要环节。姜种品质,就是姜球中去掉水分以后的干物质重量,姜球中干物质量多,则品质优良,出苗粗壮;干物质量少,则品质差,出苗细弱。栽培中发现,当主苗是壮苗,其分枝苗也粗壮;当主苗是弱苗,其分枝苗长势也弱;当主苗是僵苗,其分枝苗也短小。主苗长成弱苗、僵苗以后,在生长期中,想再通过增加施肥量和加强管理的补救措施使之达到生长旺盛是困难的,这是由于姜根系短浅,再生能力不强,根系不发达,吸水、吸肥能力弱所造成。

姜种培育的方法有两种,其一,从植株长势较弱的姜田中,选出比较好的根茎作为育种用,在培育过程中,通过加强对姜田的肥水管理,为植株生长创造良好的生长环境,促进植株生长旺盛,也就是把劣质根茎培育成优质根茎。其二,利用品质优良的根茎作为培育种用,通过培育,能够让优良的根茎品质保持下来。

(一)育种田的选择

育种田应选择土层深厚,土壤疏松,排灌方便,有机质丰富,酸碱度适宜,光照充足的田块,壤土或中壤土的水稻田、旱地由于水分受到限制,不宜做育种用地。老姜区要选择未受到姜瘟病原细菌污染过的田块,育种田要与商品姜田分开种植。如果需要一块种植,应选用商品姜田上方的田块,这样就可以防止商品姜田发生病害以后,病菌随雨水蔓延到育种田块。

(二)育种用姜种的选留

对要培育的姜种,应进行严格筛选,尽量选择不带病菌的姜种,在高产田留种,要选择姜球大小比较均匀,根茎长10~13厘米,重0.7~1.5千克的,这类根茎是植株长势较旺盛的根茎,用来播种,可以保持植株生长旺盛,产量高。在低产田留种,如在植株茎秆被螟虫为害严重的姜田留种,要选择根茎较大,排列规则,姜球顶部不凹的根茎留种。在植株缺水、缺肥、长势不良以及光照不足的姜田留种,应选择姜球较大、芽眼饱满的根茎留种。对缺水严重,植株茎秆过早就枯死的姜田不宜留种。品质差的根茎,经过1~2年的培育,就可成为品质优良的姜种。姜种贮藏、播种方法等,请参照本书相关章节。

(三)育种田的管理

1. 具有品种典型特征的优良单株作为留种株的预选

一般用主苗高、出叶数多、分枝数多以及根茎重来衡量。当光照充足,水肥条件好,温度在27~32℃时,主苗平均每3~5天出一片叶,一生中有33~36片叶,出叶多的可达38~40片叶,主苗高有85~95厘米,并有12~18个分枝,根茎重0.6~1.5千克,在霜冻来到之前,茎叶青绿不早衰,无病虫害,这类植株的根茎为品质优良的根茎,用之留种出苗壮,产量高。因此,平时要注意观察,对具有品种典型特征的优良单株做好标记。

2. 育种姜田的管理

育种姜田的管理,除了与商品姜田的管理相同以外,还要加强姜田的肥水管理以及病虫害的防治工作。要搞好姜田的排灌工作,姜田施肥主要以农家肥、花生麸、复合肥为主,少施氮肥,生长后期注意观察植株叶色,发现植株淡黄的应及时补施,保持植株茎叶青绿,促进养分向根茎中积累。姜田发生病害后应及时防治,姜螟虫是姜的最大害虫,专吃茎心,植株茎秆被螟虫为害后,由于养分输送受阻,根茎品质差。因此,要定时检查,发现后及时用药喷杀。姜田要经常除草,畦沟里的杂草用百草枯喷雾清除。

(四)姜种的选留

姜是用根茎来繁殖的,根茎由水分和干物质组成,根茎中的干物质重量对根茎发芽和幼苗生长起着重要作用,姜从播种到姜苗破土叶片没有展开之前,这一阶段所需的营养物质是由姜种干物质中的碳水化合物提供的,干物质中的碳水化合物含量直接影响到姜芽和幼苗的生长发育,一般干物质重量少的姜种,出芽细、出苗弱,为品质差的根茎。干物质重量多的姜种,出芽粗、出苗壮,为品质优良的根茎。植株的生长环境不同,根茎中的干物质重量也各不相同。

1. 影响根茎优劣的因素

根茎中干物质重量少,是受到以下几个因素影响引起的。

(1)由光照不足引起:姜间种在香蕉田、木茹地里,成年果树下以及用两旁树木高大的山弄田种植,整个生育期光照不足,植株茎叶徒长,茎叶虽然青绿,由于光照时间缩短,光合产物有机质在根茎中积累少。

(2)由缺水引起:姜种植在旱地里,有的年份发生秋旱,植株受旱后生长受阻,受旱严重的植株茎秆提早枯死,其根茎嫩,贮藏的营养物质少。

(3)由缺肥引起:姜田管理粗放,杂草多,缺肥严重,茎秆高不足60厘米,主苗叶数在25片叶以下,叶色淡黄,生长不良,根茎细小。对姜田施肥时,肥料集中在生长前期,后期脱肥早衰。前期缺肥,后期补施形成迟发苗。姜田不注意氮磷钾肥配合施用,单施氮肥其根茎虽然肥大,但含水分多。

(4)由病虫为害引起:植株叶片被斑点病为害严重,叶片枯黄,光合作用受到影响。茎秆被螟虫为害,水分、养分运输受阻,植株呈不规则分枝,姜球细小。以上的植株根茎为品质差的根茎,用这些根茎留种,出苗弱、产量低。

2. 根茎品质与产量的关系

在栽培管理技术相同的情况下,根茎品质是影响产量的主要因素。1997年,笔者利用品质差的姜种与品质优的姜种同种一块田做试验对比,品质差的姜种是用茎秆被螟虫为害的根茎,其根茎排列不规则,每个姜球都比较小,品质优的姜种是在高产田留种。种植后发现,品质差的姜种,姜苗破土后叶片没有展开之前,大多数的姜苗呈鸭嘴状,叶片展开后茎叶呈浅黄色。姜苗出土慢且不整齐。品质优的姜种,姜苗破土后叶片没有展开之前,茎秆呈竹笋状,基部粗、上部细、淡红色,叶片展开后呈深绿色。当姜苗长至11片叶时测定,品质差的姜种苗高为58厘米,第一片叶距地面高为15.5厘米,叶宽3.1厘米,叶长18厘米,姜苗基部直径为1.2厘米,品质优的姜种,苗高为80.5厘米,第一片叶距地面高为20.4厘米,叶宽为3.3厘米,叶长为22.2厘米,茎秆基部直径为

1.43厘米。

用10枝苗平均值在收获时期验收,结果表明,品质差的姜种亩产量为2462千克,品质优的姜种亩产量为3764千克,同一块姜田种植,施用数量相同的肥料,采用相同的技术管理,产量却不相同。

3. 姜种与病害的关系

姜是用根茎来繁殖的,其根茎在土壤里生长时间长,容易受到土壤里的真菌、细菌侵害,有的真菌以菌丝体、菌核附在根茎表面,如白绢病菌;有的病菌则在贮藏期间继续为害引起姜块腐烂,如真菌中的丝核菌根茎腐烂病和立枯病;有的在根茎表面突起瘤状,如线虫病。在姜种选留时,如果根茎带有以上任何一种病菌,会给第二年生产带来不同程度的损失。武鸣县马头镇板覃屯的部分姜农,在立枯病的发病田选留姜种,由于立枯病菌丝体初侵染根茎时症状不明显,第二年春发现选留的姜种中有10%～20%的姜块腐烂。腐烂严重的可达40%～50%,用未腐烂姜种种植,由于立枯病菌继续在种植的姜种中为害,造成姜田缺苗15%～20%,当年秋季姜田出现大量病株,损失严重。有的农户在姜瘟发病田或在姜瘟发病田水流过的姜田留种,由于姜瘟病原细菌在气温较低时侵入根茎组织后,细菌繁殖慢,根茎没有表现出症状,表面看起来很好的一块根茎,其实已带有姜瘟病原细菌。用带菌的姜种种植,第二年姜田同样发生姜瘟病,第三年又在姜瘟发病田留种,这样年年种姜,年年姜田发生姜瘟病。

姜病害较多,有的一块姜田同时发生多种病害,其中以丝核菌根茎腐烂病发生较普遍,在气候条件适宜的年份,几乎每块姜田都发生此病。因此,在选留姜种时,一定要分辨清楚各种病害在根茎表面不同的症状,将带有病菌的根茎淘汰。不要在姜瘟发病田和姜瘟发病田水流过的姜田留种,立枯病发病田也不要留种。收姜种时，要认真观察每一块根茎表面，发现根茎表面或芽眼周突起米粒至黄豆大小瘤状的为线虫病，在芽眼周围发现有棕褐色病斑，并有少量白色菌丝体附在芽眼表面，有臭味的，为丝核菌根茎腐烂病的初侵染期；整个根茎表面布有白色菌丝体，菌丝体上结有白色菌核，并有臭味的，为丝核菌根茎腐烂病的侵染中期；在根茎表面留下褐色病斑并且病斑凹入组织内1～2毫米，无菌丝、无菌核的，为丝核菌根茎腐烂病侵染的后期。根茎上的姜切、鳞片为暗褐，根茎表面有暗黑色病斑，且病斑凹入表面组织1～2毫米深，无菌丝、无菌核、无臭味，是白绢病菌为害留下的症状。凡根茎带有以上症状的不要留种，同时要检查每个姜球芽眼，姜球项部和茎秆接触处，发现变色后也不要留种，在整块根茎中，有一姜球变色，肉质变褐的也不要留种。

每年在收姜种之前，发现自己种植的姜田已经被病菌侵染，无法留种时（不能到市场上购买姜种，市场上的姜种来源不明容易带有病菌），应该在霜冻来到之前，植株茎秆还青绿的时候，到邻近村屯的姜种植户，观察姜田的生长情况，确定姜田无病害侵染后，向该户订购姜种。订购姜种时，不要到姜瘟发病区去订购，防止姜种带菌。初学种姜的农户，走自种自留这条路比较好。第一年向种姜的农户购买少量不带菌的姜种种植，观察种植的姜田没有发现病害，确定姜种不带病菌，第二年再扩大种植面积，大多数初学种姜的农户走这条路能够成功。如1995年冬，市场上每千克姜价格涨到10元，很多农户认为种姜经济效益高，到市场大量购买姜种回来种植。结果第二年发现自己种植的姜田发生姜瘟病，很多人失败。

4. 收姜种的时机

姜根茎喜欢温暖环境，不耐严寒，因此每年冬季要收姜种贮藏，为姜种创造良好的越冬环境，使之避免受到冻害。

姜种什么时候收,各地应根据气候条件来决定,姜种收得过早,植株根茎嫩,贮藏营养物质少,影响出壮苗,收得过迟容易受到冻害,因此每年应在霜冻来到之前收姜种。冬天比较温暖的地方可在冬至前后10天收姜种,冬天比较寒冷的地方收姜种应提早一些。

在收姜种之前如果姜田植株茎秆比较青绿,要在收姜前20天将植株地上部分茎秆割掉,让残茎与姜球自然脱落,植株根系自然腐烂,收姜种时较省工。如果不先割茎秆,收姜种时,用刀割除姜球上部的茎秆和拔除姜根比较费工。

割除茎秆时,要把距离地面5厘米高以上的茎秆割掉,把茎秆放入畦沟中。丝核菌根茎腐烂病的发病田,在割茎秆时,当把茎秆盖到姜畦上,丝核菌根茎腐烂病的菌丝体在茎秆覆盖下面扩展迅速,所以,割茎秆以后的姜田,一般要待到残茎与姜球顶部自然脱落时再收姜种,为的是让姜球顶部形成比较厚的周皮作保护层,有利于阻止病菌从姜球顶部侵入。如果残茎没有脱落之前就收姜种,由于拔除残茎时,姜球顶部要凹入肉质部分1~3毫米深,顶部要产生周皮保护层需要15~20天时间,如在收姜种时又遇到阴雨天气,不能及时晒种,则病菌容易从比较湿润的姜球顶部侵入,造成姜块腐烂。

收姜种时,应该淘汰带菌姜种,选留单个姜球比较大、比较均匀、芽眼饱满的根茎留种,单个姜球较瘦小、根茎重量少的为长势较弱的植株,含营养物质少,不宜留种,因此选姜种时应选留根茎重为0.6~1.5千克的为好。

收姜种时应选择晴好天气,有利于晒种。在霜冻期间不宜收姜种,因为霜冻期间,天气过分干燥,根茎出土后失水过快,姜球顶部容易裂口。如1999年冬的一场严重霜冻,武鸣县温度下降至－4℃,凡在霜冻期间收姜种的农户,大多数姜球顶部发生裂口。姜球顶部发生裂口后,病菌从裂口侵入,采用堆藏法贮藏的姜种,有 10%~20% 的姜块腐烂。而霜冻过后,气温回升时收姜种的农户,姜球顶部没有发生裂口,贮藏期间腐烂很少。

5. 姜种运输

收姜种后要经过运输,把姜种运回贮藏点,如姜地距离贮藏点较近,姜种数量较少,可以用人工挑运,姜地距离贮藏点较远,或到比较远的地方去购买姜种数量又较多,要用机械运输时,应用纸箱、木箱把姜种装好,然后再运输。

姜根茎中的每一个姜球,左边有 1~3 个芽眼,右边有 2~3 个芽眼,顶部有 1~2 个芽眼,当左边的芽眼被机械损伤时,姜芽从右边的芽眼长出,或从顶部的芽眼长出,当右边的芽眼又被机械损伤时,姜芽从顶部的芽眼长出,顶部的芽眼又被机械损伤时,姜球就失去发芽能力。因此,在收姜种、运输、晒种、贮藏等过程中动作要轻,尽量减少姜种受伤。姜种如果受伤,呼吸消耗增加,愈合伤口要消耗自身的一部分营养物质,使自身营养物质含量减少,所以姜球受伤后,出芽会比较细弱。因此,保护好姜种,不使姜种受伤,是保证壮苗的一个重要措施。

6. 晒种

采用堆藏法贮藏的姜种,在贮藏期间,病菌一般从姜球顶部、姜球折断处、姜球表面受伤部位侵入,收回来的姜种,经两三天晒后把这些部位晒干,促进伤口愈合,有利于阻止病菌侵入,减少姜种在贮藏期间腐烂。晒种时应把受伤较严重的姜块挑选出来。

第二节 姜保护地丰产栽培技术

生姜保护地栽培与常规露地栽培的基本步骤是相同的,但保护地栽培又有其特点。

一、地膜覆盖栽培

采用地膜覆盖可提早 25～30 天播种。据试验,生姜覆膜单株可增重 80～150 克,每亩可增收鲜姜 300～500 千克,且姜块肥大,商品性好,效益高。

1. 选地深耕,施足基肥

选择旱能浇、涝能排、地势高燥、土层深厚、土质松软、富含有机质的微酸性中壤田作姜田,且 3 年未种过姜及茄科作物。耕前每亩施优质腐熟有机肥 5000 千克、豆饼或花生饼 75 千克、磷酸二铵 35 千克、硫酸钾 30 千克、硼砂 1 千克。深耕 25～30 厘米,精细耥耙,耥实耙透,使土壤平整、碎细、上松下实。

2. 精选姜种,催好壮芽

选种、消毒、晒种、困种、催芽见露地栽培相关部分。如有的姜种芽长已达 1.0～1.5 厘米,就不必催芽。

3. 调整密度,适期播种

鲁中南、苏北、豫东地区用地膜覆盖种植生姜,可在 4 月 20 日前后,选晴暖天气播种。播种前,把姜种多余的芽去掉,每块只留一个长势强的壮芽。种植行距 60 厘米,起垄,垄高 15～20 厘米。在垄上开沟,沟深 8～10 厘米。然后浇水,水渗下 1～2 小时后,按株距 18～22 厘米栽种,每亩种植 5500 株。让幼芽朝一个方向,种植深度不超过 6 厘米,覆土厚度 2～3 厘米,耧平垄面。

4. 化学除草,覆盖地膜

覆盖地膜,能保持土壤湿润,调节地温,促进根系生长和养分吸收,出苗齐、出苗快。但膜内杂草发生量大,因此覆盖地膜前要先喷除草剂。可每亩用33%的施田补乳油100毫升或40%姜蒜草克乳油150～200毫升,兑水30～40毫升均匀喷雾地面。然后用宽75～90厘米的地膜覆盖姜垄。地膜要平整、拉紧、压实,防止破膜。垄与垄之间的沟留15～20厘米宽,不盖膜,便于施肥、浇水。

据试验,利用有色地膜代替地上遮荫,不仅省工省力,操作简便,成本低廉,而且有比地上遮荫更好的降温保湿效果,可更好地改善田间小气候,促进植株生长发育。据统计,利用黑色地膜代替地上遮荫产量增加8.0%～30%,经济效益更显著。有色地膜覆盖栽培是结合透明地膜覆盖进行的,也就是在透明地膜覆盖的基础上覆盖黑色地膜。5月初(生姜出苗前)选择幅宽与透明膜相同的黑色地膜,覆在原来的透明地膜上,用镰刀背将地膜塞紧就可以。

5. 适时破膜引苗,加强水肥管理

若10%～15%的姜芽出土,要及时破膜引苗。破膜方法是用直径4～6厘米的易拉罐,剪平口,口朝下扣在姜芽上,往下按,在膜上打孔,孔周围用土压实,以防灌风揭膜。出苗30%时,及时插姜草或用遮阳网遮荫。

地膜覆盖姜垄,要注意膜内的温度,姜苗刚破土时非常幼嫩,如果膜内的温度过高会烧伤姜苗,南方利用地膜覆盖的姜垄,姜苗刚破土时常遇到阳光猛烈的天气,要在姜苗正要破土时揭开地膜,保证姜苗安全出土。

出苗前一般不浇水,苗齐后,浇小水,让水慢慢向下渗。7月20日(大暑)前后,结合浇水,每亩施尿素20千克,硫酸钾10千克,开沟施入土中。之后,每月浇3～5次水。苗高30～40厘米时,每亩施45%生姜有机冲施肥20千克。立秋后,生姜生长旺盛期,大水勤浇,保持土壤湿润。9月上旬,姜苗6～8个分枝时,对

土壤肥力较差和植株长势弱者,每亩追施硫酸钾复合肥 25 千克,或隔 7 天喷施一次 2%的磷酸二氢钾溶液 40 千克,连喷 2 次。且要及时排除沟内渍水,以防姜瘟病发生。

6. 综合防治病虫害

重点预防姜瘟病和防治姜螟虫。栽种时,亩用 3%辛硫磷颗粒剂 2~3 千克,防治地下害虫。生姜出苗后,应预防姜螟虫、菜青虫、蓟马等,可用 0.6%阿维菌素 2000 倍液喷雾,每隔 6~8 天 1 次,连喷 2~3 次。

防治姜瘟病要从源头做起,重在防,尽早治。轮作换茬,严格选用无病姜种,浇净水、施净肥、防积水。发现病株及时拔除,并用 5%的石灰水对病穴进行消毒。在 6 月中旬,用 1∶1∶100 倍的波尔多液或克枯星 800 倍液加农用链霉素 1000 倍液进行防治,每 7 天喷一次,连喷 3 次。

7. 适时收获、贮存

覆膜生姜比不覆膜生姜可推迟 8~10 天收获。在 11 月上旬,当气温降到 8~10℃时,及时收获。一般应在收获前 20 天将茎秆从地上茎基部剪去,保留 2 厘米长的地上茎。收获时,先将地膜揭去,用手将生姜整株拔出或用铁锨将整株铲出,轻轻抖落根茎上的泥土,摘去须根,趁湿入窖,不可在田里过夜,以防冻害。

二、小拱棚栽培

通过小拱棚种姜可提早催芽,使生姜提早上市 2~3 个月,不仅满足市场需求,而且经济效益良好,是调整农业结构、增加农民收入的有效途径之一。

1. 田块选择

选择土层深厚、土质疏松透气、有机质丰富、能灌能排、微酸性的肥沃壤土。为防止姜瘟病和癞皮病(线虫病)等土传病害,应实行 3~4 年以上轮作。

2. 整地、施基肥、打姜沟

冬前深耕晒垄,结合施基肥,一般每亩施腐熟的农家圈肥 5000 千克以上,或纯鸡粪、氮磷钾三元复合肥 50~75 千克。春季土壤解冻后,整平耙细。按南北方向开姜沟,行距 55~60 厘米,沟宽 25 厘米、深 25 厘米。将肥料施入沟内与土壤混匀作种肥,每亩施肥量为氮磷钾三元复合肥 50~75 千克,或饼肥 75~100 千克,或磷酸二铵 25 千克、硫酸钾 25 千克。

3. 品种选择

(1)品种选择:选择优质、高产、抗性强、适合鲜食的品种,如莱芜大姜等。

(2)种块选择:选择姜块肥大、丰满、充分成熟、色泽鲜黄、质地较硬、无机械损伤、无病虫害、贮藏与运输期间无受冻和伤热现象的姜块做姜种。每亩需姜种 150~200 千克。

4. 姜种晒姜、困姜

姜种晒姜、困姜见本书第二章相关部分。

5. 催芽

小拱棚栽培催芽宜采火炕催芽法、温室催芽法,具体方法见本书第二章。

6. 播种

(1)播种时间:北方地膜小拱棚栽培于4月播种,比露地种姜提前10~20天。当姜芽长0.5~1厘米时开始栽植。

(2)灌水:播种前视土壤墒情,在栽前2小时垄沟里灌底水,待水渗下后进行播种。

(3)播种:根据所选择的小拱棚规格开畦,在畦面上开沟种植,姜埂高5厘米,沟宽10厘米,埂面宽5厘米,单行种植,种植沟在施肥沟之间,种植密度因土壤的肥力而定,将已催芽的种姜芽朝上种于沟中,定植后覆土3厘米,浇足水。而后覆盖地膜,搭盖小拱棚。

(4)搭建小拱棚:拱架架材宜用90~100厘米长的竹片。地膜宜用幅宽90厘米,厚0.005厘米的农膜。每隔0.5米插一拱架,拱架跨径40厘米,拱高35厘米,拱棚间距20厘米,覆土后垄沟深10厘米。拱架要插整齐一致,地膜盖好后用土压严实,防止风揭。

7. 田间管理

(1)放风:小拱棚生姜栽培于5月15日左右出苗,比露地栽培早一个月。出苗后要注意小拱棚放风,以免烤苗。初放风时在拱棚侧面扎眼放小风,放风时间应选在上午8~9时,随着气温增高逐渐加大放风口。6月上旬开始在拱棚顶部划口放风,先小后大。至7月上旬完全撤去地膜,拆除拱架,把残膜清除田外。揭膜以后及时覆盖遮阳网进行遮荫,降低光照。

(2)水分管理:姜芽播种后,如果土壤干旱,宜在播后一周灌一次透水,当出苗达到70%时,再灌一次水,以利出齐苗。除膜之前一般灌2次水,除膜以后浇一次水,"三马叉"至旺盛生长期结束,需隔4~6天浇一次水,全生育期结合降水需灌水8~10次。雨季要注意排水防涝,收获之前停止浇大水,但为了便于收获,保持姜块潮湿,在收获前3~4天浇一次水。

(3)施肥与培土

①当姜苗达到"三马叉"时追一次壮苗肥,每亩追硫酸铵15~20千克,或碳酸氢铵20~50千克或者尿素10千克,加入硅酸钾镁缓释矿质肥50千克,人工刨坑施入,或坑间施入后立即培土灌水,此次培土要将垄沟盖平。这项工作是与撤拱除地膜同时进行的。

②立秋前后是生姜的旺盛生长期,此期追一次"转折肥",每亩追施硫酸铵15~20千克,然后人工起垄或用畜力起垄。但注意要用专用窄锛子,防止碰到姜块。此次覆土要使原来的垄沟变成垄台,使垄台高度在20厘米以上,以后停止培土。

③除草:在整个生长期,结合施肥,培土,采用人工除草。

④病虫害防治:虫害主要有蓟马、蚜虫等,可根据田间发生情况,选用吡虫啉等药剂防治。

8. 及时收获

利用小拱棚栽培姜,可以比常规栽培提早2~3个月成熟,一般5月初即可上市,由于主要是以嫩姜鲜销,可根据市场的需求及时采收。

三、塑料大棚栽培

利用塑料大棚种姜,由于塑料大棚的增温保温效果,姜的播种期比露地提前1个月。有效积温增加,生育期提前。播种后出苗快,出苗齐,较早形成较大的叶面积并一直保持到收获,这是阳棚姜高产的主要原因。此外,利用阳棚薄膜在后期进行覆盖保护,收获期可延长15天,这也是大棚姜增产的重要原因。

大棚内气温在一昼夜中的变化比外界气温剧烈。太阳出来后,大棚内温度会迅速上升,一般每小时可上升5~8℃,13~14时温度达到最高。以后逐渐下降,日落到翌日黎明前大约每小时降低1℃左右,黎明前达到最低温度。夜间的温度通常比外界高3～6℃。阴天棚内温度的变化较为缓慢,增温幅度也较小,仅2℃左右。

大棚内土壤温度的变化趋势与气温相同,但上升和下降较气温缓慢。塑料大棚虽有一定的增温和保温效果,但在冬春或深秋季节,棚内气温和地温仍较低,不能充分满足生姜对温度的要求。因此,需要采取一些必要的措施对温度进行调控,如选择优质薄膜,增加棚内的太阳辐射能;提前扣膜烤地,可增加深层土壤的热量贮存,有利于提高棚内地温;夜间设置防寒裙;大棚内进行地膜覆盖或扣小拱棚;在大棚内增施有机肥等。

塑料大棚种姜除增产增收效果十分明显外,还节省了露地栽培在初夏季节需插草遮荫或用遮阳网遮荫的用工和成本。但由于设施投资较大,而不同年份生姜的价格差异较大,某些年份虽高产量却不能保证高效益。

1. 选地

选择水质、大气、土壤无污染的环境,地势稍高、背风向阳、水源近、排水好、无地下害虫的地块,土层深厚、保水力强的肥沃壤土或沙壤土。栽培土壤前3年没有种植生姜、花生等作物,pH值6～7。

2. 选择合适良种

应选择高产、优质、抗病虫、抗逆性强、商品性好、具有本品种特性、地上茎粗壮、分枝多、肥大饱满、皮色淡黄明亮、肉质新鲜、不干裂、不腐烂、未受冻、质地硬、大小适宜的健康姜块作种用。

3. 整地施基肥

见露地整地施基肥相关部分。但大棚种姜通常在前茬作物收获后,冬前即进行耕翻,春节后将地面整平耙细。

4. 建大棚

塑料大棚应在播种前15～20天建完,以便有充足的时间密闭升温。棚的长宽根据土地而定,一般棚宽12米,分为4档,每档宽3米,种姜4行。

塑料大棚材料一般用水泥立柱,棚顶用竹竿连接。中间立柱最高2.8～3米,边柱高1.2～1.5米,立柱间横向间隔3米,纵向间隔3米;纵拉杆用8～10厘米粗的竹竿,横杆用4～5厘米粗的竹竿。棚顶竹竿与立柱应捆绑结实,接头及拐弯处用废塑料薄膜包好,以防损伤棚膜。塑料棚膜用0.1毫米厚的农用聚乙烯膜,膜的下部埋入土中30厘米,踏实。由于生姜生长中后期露天生长期较长,上部薄膜以4米宽为宜,不宜焊接,以便放风。两膜之间重叠25厘米,拉紧、扯平,上用细竹竿压紧即可。

5. 姜种晒姜、困姜

姜种晒姜、困姜见本书第二章相关部分。

6. 催芽

塑料大棚种姜催芽宜采火炕催芽法、温室催芽法,具体方法见本书第二章。

7. 播种

(1)播种时间:北方大棚播种时间一般于10月底至11月初选种,次年3月上旬种植到5月中旬至7月下旬嫩姜采收。

(2) 灌水：播种时首先浇透底水，水渗下后按株距 25 厘米摆放姜种。

(3) 播种：由于大棚姜生长旺，后期群体大，因此种植密度不可太大。种植大姜以行距 65～70 厘米、株距 22～25 厘米（每亩栽植 5000 株）为宜；种植小姜以行距 65 厘米、株距 20 厘米（每亩栽植 5500～6000 株）为宜。姜种摆放好后，每亩用 25％速灭威可湿性粉剂 50 克或 10％苯线磷颗粒剂 2～3 千克，加 2.5～3 千克麦麸拌成毒麸撒施在沟内，然后覆土 3 厘米。由于播种时外界气温尚低，播种完毕应立即密闭大棚，以提高棚内温度，促芽生长。

8. 拱棚管理

(1) 温度管理：大棚生姜栽培的温度，一般要求播后出苗前保持 25～30℃。为促进早出苗，应尽可能提高地温，因此不必进行通风。生姜出苗后，白天温度保持在 22～28℃。高于 30℃ 以上，应做好通风降温换气工作，以保证生姜正常生长发育所需的温度。拱棚长度在 30 米以内的一般将拱棚两头薄膜敞开即可；超过 30 米长的除将两头敞开外，还要在拱棚中间两侧适当掀开 1 个口。要根据气温高低决定上午拱棚敞开、下午封棚的时间。气温高时下午 4～5 点封棚；气温低时下午 2～3 点封棚。阴天或遇寒流降温时要及时做安排，既要搞好通风换气，又要注意保温。光照的调节主要靠棚膜挡光，撤膜前无需进行专门的遮光处理。

进入 6 月份，将棚顶膜交接处全部敞开，集中绑于棚杆上。两边膜从下边卷起绑于棚边纵杆上，以增大通风量。

待 7 月中旬撤除地膜及棚膜后，其管理方法与露地相同。7 月下旬撤除地膜，先划锄松土，晾晒 2～3 天后，开沟施肥，追肥量与露地相同，之后的管理可参考露地栽培进行。

10 月上旬，夜间温度低于 12℃ 时，将棚膜再次盖好，可防轻霜冻。在适收期"霜降"后，还可再延长生长期 10～15 天，有利于茎叶养分向块茎转移,可明显提高产量。

11月上中旬棚内最高温度在20℃左右,夜温降至3～8℃,可在此期收获生姜。11月中下旬棚内气温逐渐降到0℃,不能再进行生姜生产,可改种耐寒性蔬菜。

(2)大棚内的光照管理:塑料大棚内的光照条件受季节、天气状况、覆盖方式(棚的结构、方位、规模大小等)、薄膜种类及使用情况等因素的影响。大棚的垂直光照差度是上层光照较强,向下依次降低,近地面处最弱。因此大棚内种植姜,在撤膜前无需为生姜遮荫。

(3)大棚内的湿度管理:大棚种姜,由于薄膜不透气,当大棚密闭不通风时,棚内空气相对湿度在80%以上,夜间外界气温低,棚内相对湿度甚至达到100%的饱和状态。由于生姜喜湿润,因而大棚内高湿环境有利于生姜生长。大棚内空气相对湿度的变化规律是棚温升高,相对湿度降低;棚温降低,相对湿度升高。在一天内,相对湿度的最低值一般出现在13～14时,最高值出现在凌晨。白天湿度变化剧烈,夜间较平稳。

棚内空气湿度和土壤湿度是相互影响的,若空气湿度高,叶面的蒸腾和地面蒸发受到限制,土壤蒸发量小,土壤湿度也高。当气温回升,大棚通风量加大时,空气湿度降低,土壤的蒸发量也加大,土壤水分损失较多,土壤湿度会明显下降。因此,大棚内的空气湿度除靠通风来进行调节和控制外,浇水是调节土壤湿度和空气湿度最简单有效的方法,尤其外界气温较高时,通风量加大。在大棚内进行地膜覆盖可阻止局部土壤水分蒸发,既可降低空气湿度,又可以增加土壤湿度,减少浇水次数,有利于早春大棚温度回升,对棚内生姜生长有利。但是盖膜后追肥不太方便,因此盖膜前要在土壤中适当多施基肥,以免后期缺肥。

(4)大棚内的气体管理:在密闭的塑料大棚内,外界的气流不易影响棚内,这对均衡二氧化碳浓度不利。因此,在一般栽培管理中,应进行通风以补充二氧化碳。大棚内也存在有毒气体,有毒气体中,氨气和亚硝酸气主要是二次性施用大量的有机肥、铵态氮肥或尿素,尤其是在土壤表面施用造成的;乙烯和氯气等主要是不合格的农用塑料制品中逸出的。因此必须对大棚内的气体进行适度调节,才能使生姜高产优质。调控大棚二氧化碳含量可从几方面着手:利用通风换气提高二氧化碳含量;增施有机肥提高棚内二氧化碳含量;利用化学反应产生二氧化碳。防止有害气体的毒害,应选农用无毒塑料薄膜;在施用有机肥时,一定要发酵、腐熟,勿施生肥料;施用化肥应适量;土壤消毒后应把有毒气体排放干净。

(5)培土追肥:姜的生长期长,产量高,需肥量大。除施足基肥外,还应适时追肥。常规栽培,"立秋"前后是生姜营养生长与生殖生长的转折期,也是需肥的高峰期。在此之前,就应结合培土及时追肥。大棚姜由于生育期提前,第一次培土在6月下旬,单株姜有6~7个分枝时开始浅培土,培土前每亩撒施三元复合肥30千克,外加腐熟豆饼30千克。第二次培土在7月下旬,单株姜有11~12个分枝时进行。这次培土要将姜垄加宽加厚,完成垄变沟、沟变垄。此次培土也是施肥的重点,培土前每亩撒施三元复合肥50千克,腐熟豆饼50千克。8月上、中旬,即"立秋"前后,进行第三次培土。这次培土的原则是少培、轻培、找匀。追肥可随水冲施碳酸氢铵,每次用30~50千克/亩。此后可视田间植株长势,或不追肥,或少追肥。

(6)中耕除草,适时培土:生姜的幼苗生长处在高温多湿季节,要及时中耕除草,防止植株早衰。幼苗旺长期肥水条件好,杂草滋生力也强,若除草不及时,草与姜苗争肥、争水、争光,姜苗会生长不良。

(7)扒老姜:当姜苗长至六片叶以上时就可以扒老姜上市出售,以提高经济效益。方法是顺着播种的方向扒开土层,露出种姜,左手按住姜苗茎部,右手轻提种姜,使之与植株分离。注意不能摇动姜苗,取出种姜后要及时封土。弱小的姜苗不宜扒种姜,以免造成植株早衰。

(8)病虫害防治:严格选用不带菌姜种;严禁用病株残体沤肥;防止水源污染确保净水灌溉;发病季节不要大水漫灌以防止病害蔓延;如发现病株尽早拔除,并就地用石灰或漂白粉等消毒;雨季防止田间积水。姜斑点病和炭疽病可用75%百菌清可湿性粉剂每亩100~120克兑水100千克,或70%甲基硫菌灵可湿性粉剂1000倍液,或30%氧氯化铜悬浮剂600~800倍液喷雾防治。姜螟虫、小地老虎等可用90%敌百虫晶体1000~2000倍液,或80%敌敌畏乳油1000倍液,25%溴氰菊酯乳油2500倍液喷雾防治。

9. 收获

10月上旬,夜间温度低于12℃时,将棚膜再次盖好,可防轻霜冻,可延长收获期10~15天。收获后应随收获随入窖,防止冻伤。山东省一般掌握在11月上旬收获为宜。

第三节 脱毒姜高产栽培技术

生姜是药食两用的经济植物,具有栽培容易、产量高、价格高等优点,各地发展很快。但是生姜在生产上长期采用无性繁殖,容易感染多种病毒病,感染了病毒病的生姜,品质差,叶子皱缩,生长缓慢,一般减产30%~50%。对病毒病目前还没有药剂可以防治,我国目前已经分别在马铃薯、草莓和大蒜等作物上进行了脱病毒技术的研究,成功地获得了脱病毒苗,在生产上表现出了极明显的增产效益,生姜的脱病毒研究工作至今尚未见报道。针对这一生产难题,南京中国药科大学遗传育种教研室经过不断努力,应用生物技术中分生组织热处理脱病毒技术,率先在国内成功地获得了生姜优良品种的无病毒苗,经反复病毒鉴定,脱病毒彻底。脱病毒苗在生产上优点有：苗生长快，长势旺，茎叶粗壮，根深叶茂，分蘖多；抗病能力强，姜瘟病明显减轻，同时耐高温，抗寒及其他逆境能力强；生姜外观好，色泽鲜黄，均匀整齐，市场销路好；生姜质量好，辣味浓。姜油含量高、质量优，富含姜醇、姜酚、姜油酮、茴香萜及桉油精等营养物质；产量高，在生产上去病毒苗比原品种每亩可增产50%以上。

为了便于广大农民迅速掌握脱病毒生姜的栽培技术，下面简要介绍脱病毒生姜的主要栽培技术。

1. 脱病毒原种种姜的培养、繁殖和生产

（1）脱毒生姜试管苗为原种苗，应该先在苗床中育成原种苗，长出小种姜（又叫微型种姜）然后才能移植到大田中进一步繁殖出大量种姜，供应下一年的繁殖和生产。

（2）为了出芽快而整齐，在播种前1周左右，选择晴天，将种块翻晒数天，使姜皮变干发白，放入垫有稻草的箩筐内，使其头朝内、脚朝外，一层层放好后，再盖草帘或稻草，用绳子扎紧，放于温室或塑料大棚内，保持筐内湿润和20～30℃的温度，经过20天左右幼芽长1厘米左右取出。催芽后把种姜切成小块，每块有1～2个芽子，伤口沾上草木灰简单消毒，即可播种。

2. 整地施肥

姜喜欢土层深厚，富含腐殖质的肥土，由于姜的根系少，分布范围小，因此用来栽姜的土地还需实行深翻暴晒，使其风化疏松，以利根系生长发育。姜的产量高，生长期长，故需肥量多，每亩应施放腐熟牛、猪圈肥2000～2500千克作为底肥，有条件还可增加20千克的复合肥，效果更为理想。

3. 播种期

一般4月下旬至5月上旬播种，南方和低热河谷地区以3月上、中旬为宜。经过催芽或用地膜栽培的可适当提早15~30天，生长期适当延长将有利于提高生姜的产量。

4. 播种量

种块的大小与产量关系甚大，使用较大的姜块作种不但出苗早，生长发育快，提早成熟，而且产量高，因此每块种姜应以50~100天为宜。每亩可用姜种300~400千克。

5. 栽培方式

(1)高厢栽培法：将土地平整开沟，做成厢宽1.2米，沟宽30厘米的高窄厢，每厢均匀纵开种植沟3条，施入底肥与土壤混合后，按20厘米的株距进行播种栽培，每亩可栽6000~8000株。此法在地势平坦、地下水位较高的地带（如水稻田）使用。

(2)条垄栽培法：将土地深翻耙平，不做厢，按50厘米的行距开种植沟施放底肥，与土壤混合后，按18~20厘米的株距进行播栽，以后培土做成垄。此法适宜在地下水位低，通风透气性较好的梯地或山坡地。在播种时，若是经过催芽的种块，应将芽子朝上放，未经催芽的种块平放斜放均可。播种后覆盖5~6厘米厚的细泥土，使其尽快出苗。

(3)利用阳棚种植生姜：由于阳棚的增温保温效果，姜的播种期可比露地提前1个月。有效积温增加，生育期提前。播种后出苗快，出苗齐，这是阳棚姜高产的主要原因。同时利用阳棚薄膜在后期进行覆盖保护，收获期可延长15天。

6. 田间管理

(1)中耕培土:姜的地下部有向上生长的习性,且喜欢土壤疏松通气,故在生长期间应进行中耕培土。一般中耕2~3次,结合培土进行。通过培土,将原来的栽植平行逐渐变成垄行,使土壤滤水和透气,有利于生长,提高产量品质。

(2)追肥:姜在生长期间,应根据植株的长势确定追肥,一般共追2~4次,结合中耕除草进行,到生长中后期植株长大,且地下部生长迅速,需肥较多,应多施勤施,可在人畜粪水中加进0.5%左右的复合肥。

7. 采收与留种

(1)采收:姜的采收与其他蔬菜不同,可分嫩姜采收、老姜采收及种姜采收三种方法。

①种姜的回收,一般掌握在地上植株具有6片叶片时,大约在6月中下旬进行。采收时小心将植株根际的土壤拨开,取出种姜后再覆土掩盖根部。若采收过迟伤根重影响植株生长。

②采收嫩姜,可作为鲜菜提早供应市场。一般在8月初即开始采收。早采的姜块肉质鲜嫩,辣味轻,含水量多,不耐贮藏,宜作为腌泡菜或制作调料,食味鲜美,极受市场欢迎,经济效益好。

③老姜采收,一般在10月中下旬至11月份进行。待姜的地上部植株开始枯黄,根茎充分膨大老熟时采收。在霜冻前采收的姜块产量高,辣味重,且耐贮藏、运输,作为调味或加工干姜片品质好。

(2)留种:留种用的姜块,最好另设留种田进行栽培,在生长期间多施钾肥(草木灰等),少施氮肥(如尿素等)。也可在大田生产中选择植株健壮、姜块充实、无病虫害感染、不受损伤的姜块,进行晾晒后,贮藏作种。脱病毒生姜在生产上一般可以连续应用和繁殖留种 3 年,均能保持脱病毒生姜的增产效益,但是 3 年后由于已经逐步感染病毒病(每年的感染率 20%～30%),就需要重新引进脱病毒试管苗或微型脱病毒种姜,进行繁殖,为大田提供优质脱病毒生姜一代苗种源,才能始终保持高的增产效果。

第四节　轮作与间作套种技术

姜瘟病为害很严重,其病菌可在土壤中存活 4 年以上,同时姜对土壤养分的吸收较多,若长期在一块地上种植,则土壤缺乏养分,地力得不到恢复和提高,姜的病害也会越来越严重。因而姜必须实行轮作。轮作栽培的作物、时间和方式,各地不尽相同,旱地多实行粮、棉、菜等轮作,水田进行水旱轮作,以 4～5 年为一周期最好。

在轮作制过程中,要注意各茬作物的前后衔接和地力的培养,以避免土传病害的交互感染与传播。姜与油菜、棉花以及其他蔬菜等轮作,这些作物的落花、落叶等潜留在土中,能增加土壤有机质,较姜与禾本科作物轮作消耗地力较少,故能使姜生长好,产量高。

一、轮作与茬口安排

合理轮作能充分利用和培养地力,减少病害,提高单产。种植生姜,最好选用新茬地,前茬作物以葱、蒜和豆茬为最好。其次是花生和胡萝卜茬。凡种过茄子、辣椒等茄科作物并发生过青枯病的地块,以及连作并已发病的地块,均不宜种植生姜。

1. 北方各姜区主要轮作方式

(1)生姜、大蒜、玉米、小麦轮作:第一年立夏前后,在小麦田里套种生姜,秋季收获生姜以后种大蒜。第二年春季在大蒜地里套种玉米,秋季玉米收获以后种小麦。第三年春天再在小麦地里套种生姜。

(2)玉米、大蒜、生姜轮作:第一年春季种玉米,秋季玉米收获以后种大蒜。第二年立夏前后在大蒜行间套种生姜,生姜收后冬季休闲。第三年春季再种玉米。

(3)生姜、菠菜、甘薯轮作:第一年春季种生姜,生姜收后种越冬菠菜。第二年春季菠菜收后种甘薯。甘薯收后冬季休闲。第三年春季再种生姜。

(4)生姜、菠菜、玉米、大蒜、白菜(或萝卜)轮作:第一年春季种生姜,生姜收后种越冬菠菜。第二年春季菠菜收后种玉米,秋季玉米收后种大蒜。第三年芒种前后收大蒜。秋季种植大白菜或萝卜。收后冬季休闲。第四年春季再种生姜。

(5)生姜、青蒜轮作:第一年春季种生姜,收获后地膜覆盖种大蒜。第二年5月上中旬收获青蒜后再种生姜。

(6)生姜、大棚黄瓜轮作:第一年秋季在冬暖型大棚内种黄瓜。第二年5月,黄瓜拉秧以后将塑料薄膜揭去种生姜。10月生姜收获后再盖上薄膜种黄瓜。

2. 南方各姜区主要轮作方式

根据南方各地姜农的经验,栽培生姜,也要实行3~5年轮作。其轮作方式主要有以下几种:

(1)生姜→油菜→水稻→萝卜→蚕豆。

(2)生姜→小麦→水稻→绿肥。

(3)生姜→大麦→辣椒→油菜→水稻→萝卜。

(4)生姜→绿肥→水稻→蚕豆。

(5)生姜→绿肥→黄豆→水稻→萝卜。

(6)生姜→花生(或棉花)→甘蔗。

在上述轮作制度中,以生姜和油菜轮作效果最好,因油菜对土壤养分消耗利用较少,其落叶残留在土中,能增加土壤有机质。因此,种过油菜的土壤比较肥沃。栽培生姜,则生长良好,产量较高。

二、间作套种栽培技术

(一)麦姜套种

麦姜套种是山东省莱芜市、滕州市等各主要姜区普遍采用的一种栽培方式。这种方式可提高土地利用率和光能利用率,收到姜麦双丰收的效果。

1. 种植方式

即于9月底或10月初播种小麦,第二年5月上旬,在小麦行间套种生姜。

2. 栽培技术

(1)小麦品种的选择:首先选好小麦品种。由于小麦收获以后需要留下麦秸做影障,故应选择秸秆粗硬,抗倒伏,丰产性好,株高80~85厘米,适于晚播早熟的弱冬性品种为宜。

(2)适期播种:即于9月底或10月初播种小麦。小麦畦宽1.5~1.65米,每畦播3行,行距50~55厘米。播种量为每亩4~6千克。

第二年5月上旬,在小麦行间套种生姜。套种姜多用干播法,即先在小麦间开沟,并施足基肥,每亩施优质厩肥3500~4000千克或饼肥50~75千克,碳酸氢铵10~15千克,与土壤充分混匀,搂平沟底再排放姜种,株距随种块大小而异,一般株距为16~18厘米,种姜块在30~50克者,一般株距为13~15厘米。覆土4~5厘米厚,然后浇透水。生姜播种后20~25天即可出苗。

3. 田间管理

从生姜播种到小麦收获,二者共生期为30~35天;从生姜出苗到小麦收获,两种作物共生期为15天左右。在套种生姜时,虽然开姜沟会对小麦根系造成轻微损伤,但由于姜沟内施入大量的农家肥和速效氮肥,为小麦后期生长补充了养分和水分。小麦收获时,姜苗很小,从土壤中吸收的水分和养分很少,因而在水肥供应上无明显的矛盾。芒种前后只收获麦穗,留下65～70厘米高的麦秸为生姜遮荫,节省了遮荫材料和插草用工。为避免倒伏可在小麦垄内每隔2～3米树一木桩,在距地面40～50厘米处,用草绳将麦秸拦腰夹住,可使麦秸更加牢固。夏季雨水较多,立秋前后大部分麦秸已腐烂在田中。这时,可结合追肥、浇水和培土将已腐烂的麦秸埋入土中,以增加有机肥料。其他管理同一般姜田生产。至10月中、下旬初霜到来之前收姜。

实行麦田套种生姜,一般亩产小麦250～300千克,亩产生姜1750～2000千克。由此可以看出,这种套种方式既充分利用了生长季节和地力,也充分发挥了两种作物的互利关系,省工省力,经济效益良好。

(二)蒜田套种姜

山东省部分姜区有大蒜田套种生姜的习惯。大蒜收获以前以其植株为生姜遮荫,大蒜收获以后,需另插姜草为姜遮荫。

1. 种植方式

9月下旬播种大蒜,第二年5月上旬,在大蒜行间套种生姜,5月中下旬收获蒜薹,6月上中旬收获大蒜。10月中下旬收姜。

2. 栽培技术

蒜姜套种有以下两种方式。一种方式是大蒜畦宽1.5米,每畦播3行,行距50厘米,株距7～8厘米。在大蒜的行间套种生姜,生姜行距50厘米,株距16～18厘米。另一种方式是大蒜畦宽

1.2 米,每畦播 4 行大蒜,分大小行播种,大行行距 40 厘米,小行行距 20 厘米,株距 7~8 厘米。在大蒜大行的行间套种生姜,生姜行距 60 厘米,株距 14~18 厘米。

3. 田间管理

大蒜播种后管理方法同单作大蒜。第二年春季在套种生姜以前,先清除大蒜田里的杂草,然后,在大蒜行间及畦埂处开姜沟,并施足基肥,于 5 月上旬用"干播法"播种生姜。5 月中下旬开始收获蒜薹时,部分生姜已出苗。因此,在田间操作时应特别注意,以免损伤姜芽。6 月上中旬收获蒜头以后,应随即在姜沟南侧(东西向沟)或西侧(南北向沟)插草遮荫。

从生姜播种至大蒜收获二者共生期为 30~35 天,从生姜出苗至大蒜收获共生期只有 10~15 天。在两种作物共生期间,大蒜可为生姜遮荫,同时,大蒜正处于旺盛生长期,需要大量肥水,而套种生姜时施入大量肥料,并浇足了底水,为大蒜后期生长提供了良好的肥水条件,促进了大蒜产品器官的形成。实行第一种套种方式一般亩产鲜蒜 750 千克,亩产生姜 1750~2000 千克;实行第二种套种方式一般亩产鲜蒜 1000~1250 千克,亩产生姜 1250~1500 千克。无论哪一种套种方式都比单作经济效益高,是群众乐于接受的栽培方式。

(三)棉田套种生姜

1. 种植方式

花种植时要适当放宽棉花行距,并实行等行种植,畦宽(含沟) 70 厘米,种 1 行棉花和 1 行生姜。

2. 栽培技术

(1)严格选地,施足底肥:选择土层深厚、肥沃,排灌方便,无姜瘟病菌(前两茬未种过生姜)的棉田。冬前全面深翻,并在生姜种植畦内每亩埋施猪牛粪、作物秸秆等有机肥1000千克,以利培肥地力。

棉花品种应选用抗虫杂交棉品种。播前深翻土地25厘米,并结合耕翻土地施足基肥和亩撒施5%辛硫磷颗粒剂2~3千克,以防治地下害虫。

(2)选种:3月初将姜种起窖,选择肥大、无伤、无病、无虫蛀、无色变的姜块作种。

(3)晒种熏种:将选好的姜种晒2~3天,然后用箩筐装好放在灶火(俗称烟眼头)上方让烟熏20天左右,可杀菌防病。

(4)催芽:烟熏后再进行温床催芽。先铺20厘米厚的牛粪并踏实,上放7~9厘米厚的肥土,接着摆入姜种,再在姜种上盖3厘米厚的细土,最后用农膜覆盖,四周用土压实,保温催芽。待芽长至4厘米时分芽,把姜种掰成3~5块,每块要留有1~2个壮芽,重50~100克。同时剔除基部发黑、有红眼圈、掰后纤维多的芽子,随即移栽。

(5)移栽:棉花的适宜播种期为4月上旬,抢晴天覆盖双膜营养钵育苗,5月上旬每亩移栽3400株。

4月下旬移栽生姜,方法是先开好宽25厘米、深9厘米的移栽沟,按株距20~50厘米排姜,栽姜密度为每亩3500~4000株,排种后用细土遮盖种芽。

3. 田间管理

(1)生姜的管理:一是追肥。苗高30厘米时,每亩用碳胺25千克加豆饼15千克充分混合,在离姜株10厘米处开7~10厘米的沟埋施,严禁把尿素、碳胺、未腐熟的人粪尿直接施在植株上。立秋前后于姜旁每亩穴施枯饼 25 千克加尿素 10 千克。二是及时浇水排水。生姜排种后,遇天旱要及时浇团结水,促姜早发根返青。霉雨季节要清沟排水。遇干旱要勤灌水,做到 7 天左右灌 1 次水,保持土壤湿润。三是防治姜瘟病,一旦发现病株要及早拔除,并在病株周围用石灰消毒,以防止病害蔓延。

(2)棉田的管理:管理措施同常规棉田,但要注意用助壮素调控和喷施硼肥、磷酸二氢钾等溶液。

(四)苦瓜套种生姜

苦瓜藤蔓上架时间和罢园时间刚好是露地生姜栽培需要遮荫的阶段,在苦瓜架下套种生姜是一种充分利用地力的理想生态模式。

1. 种植方式

苦瓜架下套种生姜。

2. 栽培技术

春植苦瓜露地栽培于 3 月下旬播种,用大棚冷床育苗,4 月中旬定植,6 月上、中旬始收,9 月下旬罢园,品种选用株洲长白苦瓜、蓝山大白苦瓜等。

生姜露地栽培,一般于 4 月下旬至 5 月上旬播种,11 月中下旬采收。苦瓜于 4 月中旬定植,因苦瓜架下套种生姜,畦宽可在 2.5 米以上,亩栽 800~1000 株,植于畦块两旁。

定植应选晴朗无风天气进行。栽苗时,使子叶平露地面,然后培土。及时浇足定根水,促缓苗。生姜定植 4 月下旬至 5 月上旬,在已栽植苦瓜的畦面上开 5 行 10 厘米深的沟,种 5 行。苦瓜采用水平棚架,利于生姜遮荫。

3. 田间管理

生姜不耐强光和高温，苗期必须遮荫，一般应于 5 月上中旬播种后 1 周内进行，此段时间正好苦瓜已上架，利用苦瓜藤蔓自然遮荫，应注意 9 月上中旬要及时撤除瓜架，加强生姜的光合作用，提高产量。

（五）生姜与苋菜、豇豆套种

1. 种植方式

该模式的具体做法是先利用小拱棚栽培生姜，在生姜畦内间作苋菜，苋菜收获后，再套种一季豇豆，利用豇豆为生姜遮荫，从而达到高产高效的目的。

2. 栽培技术

（1）品种选择：姜宜选用植株较矮、节间缩短的品种。苋菜可选用圆叶绿苋，该品种品质较好，适应性强。豇豆选用高产 4 号等豇豆系列品种。

（2）种姜处理：选择有光泽、无病虫害的老姜作姜种。在催芽前选晴天晒种 1~2 天。于 2 月中旬选择 3 年内未种过生姜、地势高燥的大棚作苗床，每畦宽度为 1.5 米（连沟）。畦面耙去一层表土整平后，把姜种整齐排放于畦内，头朝上，然后盖回表土，再盖上地膜，拱上小拱棚。期间检查多次，一般到 3 月底就可长出新芽。

（3）整地施基肥：生姜定植前 10 天，每亩撒施过筛腐熟垃圾肥 6000 千克或优质栏肥 5000 千克作基肥，结合作畦，把基肥翻入土中，每畦宽 1.5 米（连沟）、盖上小拱棚增温待用。

（4）种植和播种：生姜于 3 月下旬定植。由于采收如同其他种姜方法，生育期短，单株产量低，所以要适当密植，每畦种植 4 行，行距 25 厘米,档距 30 厘米,株距较大,便于套种豇豆。定植前先在定植穴内施钙磷肥 100 千克、复合肥 10 千克/亩,与土拌匀后移栽姜种,覆土厚 10 厘米。平整畦面后,泼足够的人粪尿作苋菜基肥,撒播苋菜种子,每亩用种量 250 克左右。播后一般不再覆土,只行镇压和浇水,然后盖上小拱棚。豇豆于 5 月中旬等苋菜收获后播种,每亩用种量 1500 克左右。每畦套种 2 行,行距 80 厘米,株距 30 厘米,每穴播种子 3 粒。播种前先在定植穴内施钙镁磷肥 50 千克/亩。生姜于 6 月初~7 月份陆续采收。豇豆一般 7 月中旬开始上市,可延续采收到 8 月底。

3. 田间管理

生姜出苗前,密闭小拱棚,以利保温;出苗后要经常进行通风。特别是土壤湿度大时,更要注意通风,以防姜苗徒长。4 月下旬,揭去小拱棚。苋菜生长期间追肥 2 次,选择在下雨天时,每次用尿素 10 千克/亩。苋菜收获后再追肥 1 次,用量为尿素和硫酸钾各 10 千克/亩(不能用氯化钾作追肥,否则生姜只长叶,不长姜)。豇豆出苗后要及时搭架引苗,并在开花结荚前适当控制土壤水分,防止茎蔓徒长。坐荚后加强肥水管理,追肥 2~3 次,用量为尿素 10 千克/亩,掺在人粪尿中浇施,要经常保持土壤湿润。

4. 病虫防治

生姜的主要病害为腐烂病,重点在于预防,可通过种姜处理和田块轮作等措施加以预防;主要虫害为姜卷叶螟和钻心虫,可用敌敌畏和杀虫双加以防治。豇豆的主要病害为生长后期的锈病,可用粉锈宁加以防治;主要虫害为豇豆螟,可在植株现蕾以后,用乐果或菊酯类农药加以防治。

(六)果树与姜的间作

幼龄果树及进入结果初期的果树,树干较矮,树冠较小,株行间空较多,通风透光条件好,可在树间间作生姜。

1. 种植方式

果树间作生姜的主要方式是带状间作,即首先留出树盘,树盘面积随树冠和根系的扩展而增加,1~3年生果树,树盘直径为1.5~2米;3~5年生果树,树盘直径为2.5~3米。在果树行间间作生姜数行,通常1~3年生幼树,可根据树体大小间作5~7行;3~5年生果树,可间作4~6行。

2. 栽培技术

冬季,在果树行间深翻土地,第二年春季将土地整细整平。于生姜播种前,按行距50厘米开沟,施入足量的基肥,浇足底水,将姜种排放沟内,株距14~16厘米,然后覆土4~5厘米厚。

3. 田间管理

播种后1周内趁土壤松软时插姜草遮荫。其他管理措施与一般生姜生产相同。

由于生姜种植在果树树盘以外的行间,所以在整地和开沟播种时,一般不会损伤果树的根系,而且由于间作生姜,还可起到保护果树根系的作用。尤其是沙地果园,夏季高温干旱,土温变化大,往往影响果树根系的正常活动。间作生姜以后,由于生姜的覆盖作用,可减轻土温高和干旱对果树根系的不良影响。果树为深根性作物,主要利用土壤下层的养分,而生姜为浅根性作物,主要利用耕作层30厘米以内的土壤养分。因此,二者在养分利用上无明显矛盾。同时,生姜为需肥、水量大的作物,其充足的肥水不仅可保证生姜的正常生长,而且能相对提高果园的土壤肥力,有利于果树的生长和发育。

(七)生姜间作玉米

生姜间作玉米是一项简单易行、助农增收又节地的技术,间作后不影响生姜的产量和品质,具有合理利用土地资源、提高收入的优点。

1. 种植方式

实行垄作栽种,按1.2米宽拉线起垄,垄高20厘米,下底宽90厘米,上顶(厢面)宽60厘米,垄上栽2行生姜,行距30～35厘米,株距20～25厘米;垄沟底种1行玉米,株距20厘米,每亩植玉米4000株左右,玉米距生姜30厘米。

2. 栽培技术

(1)选地整地:土地要尽量选择肥厚疏松、排灌水方便、轮作3年以上、前茬未种过茄科作物的田块种植,以利于生姜块茎的膨大生长。整地时每亩施腐熟农家肥3000千克,复合肥50千克或过磷酸钙100千克,耕后整好待播。

(2)选用高产适宜品种:生姜选用高产、优质、适宜当地种植的本地当家品种,认真筛选种姜,每块保留1～2个壮芽。

玉米选用叶片上冲、优质、高产品种,如会单系列和掖单2号杂交种等产量潜力较高的品种。

(3)种植时间:生姜播种时间一般在2月下旬到3月上旬。种植时要确保生姜种块与垄顶的距离(深度)在15～20厘米,防止种植过浅,姜块茎膨大露出地表。春玉米间作种植时间在3月中、下旬前后,按照栽培方式要求,于垄沟底及时进行种植。

3. 田间管理

(1) 灌水锄草:生姜播种后立即灌水,5~6天后锄地1次;10天后灌第2次水,7~8天再锄地1次后即可播种玉米。

(2) 施肥、培土:生姜齐苗期每亩施尿素15~20千克;地下茎形成初期每亩施复合肥30千克。肥施于行间,施后培土、灌水。

玉米田间施肥原则是轻施苗肥,巧施拔节肥,猛施攻苞肥。玉米长至4~5叶期结合锄草每亩施尿素10千克作苗肥;拔节期每亩施玉米专用复合肥20~30千克;攻苞肥于玉米大喇叭口期,每亩施尿素30千克。

(3) 及时防治病虫害:生姜主要是预防蚜虫和防治地下害虫,如蛴螬等,可每亩用林丹粉2千克拌毒土处理土壤;病害主要是姜瘟病,发现病株及时拔出,并用生石灰消毒。

玉米重点是抓好钻心虫的防治,可在玉米心叶末期每亩用3%呋喃丹颗粒或1.5%辛硫磷颗粒0.5~1千克直接撒入玉米大喇叭口内进行防治。

4. 收获

生姜一般在10~11月份收获,间作玉米一般在7月底到8月初收获。生姜和玉米通过合理间作套种,可以充分利用高矮秆作物的立体空间,有效提高光能利用率,大大提高种植效益。经农业科技人员多年实产验收,平均每亩收鲜姜2560千克,间种的玉米每亩产量426千克,增产效益明显。

(八) 山药间作姜

生姜为耐阴作物,不耐强光,在强光条件下叶片黄化,植株生长不良,因此,在生长期间要求中等强度的光照条件。姜苗在花前状态下生长良好,因而不论南方或北方,生姜在栽培时均需要遮荫。山药生长需要搭架，在生长的过程中正好能为生姜生长提供遮荫条件。采用该模式，一般每亩产山药 2000 千克，生姜 2500 千克。

1. 种植方式

采用一畦山药套种两行生姜的种植方式，山药栽在畦内两侧，小行距 35～40 厘米，大行距 1.2 米，株距 20～25 厘米，每亩种植 4000 株左右。生姜栽在两畦山药之间，平均行距 77.5 厘米，株距 20 厘米，每亩种植 4300 株左右。

2. 栽培技术

(1)整地施肥：做山药畦最好在冬前挖栽植沟，沟距 1 米、沟宽 40 厘米，深 70～100 厘米。挖出的土要经过冻晒风化后，于早春解冻时回填。结合回填，每亩施优质腐熟的土杂肥 2500 千克、优质三元复合肥 40 千克，施于沟的中上部并与土混匀。生姜沟可在整平耙细的土地上开挖，沟距 50 厘米、沟深 15 厘米，每亩在沟内施腐熟的土杂肥 2500 千克或腐熟的豆饼 150 千克、优质三元复合肥 40 千克。

(2)选种催芽：山药选用细长毛山药，一般以山药栽子作种。用山药豆(气生块茎)当年繁殖栽子，第二年使用，也可用收获后的顶梢做种。定植前 25 天，取出山药栽子晾晒 2～3 天后催芽，芽长 3～5 厘米时定植，定植时抹去侧芽。生姜于播前 20～30 天晾晒 3～5 天进行催芽(又叫熏姜或炕姜)，当芽长到花生米大小时即可栽种。

(3)适期栽种：山药在 3 月下旬、地温稳定在 10℃时栽种定植。定植前需浇水造墒，定植时可用直径 2～3 厘米、长 1.3 米的圆钢管或木棍，按株距 20～25 厘米打 70～80 厘米的深眼，在眼内填上草木灰。为防治地下害虫，每亩用 812 粉 1 千克，加细土 10

千克,与草木灰同施。将山药栽子栽到眼内离地面8～10厘米处,然后在上面覆土。生姜在5月上旬、地温稳定在15℃时下种。下种时,先开沟浇水。为防治地下害虫,每亩用812粉剂1千克加细土10千克,施于沟内。栽种时要使生姜的芽朝一个方向,然后覆盖4～5厘米厚的土。

3. 田间管理

(1)中耕除草:山药出苗后,茎蔓生长很快,应及时插架。架高1～1.5米,呈"人"字形。插架前要进行中耕除草。在山药抽蔓期和块茎旺盛生长期,每亩分别追施三元复合肥15千克。当茎蔓有旺长趋势时,应及时喷洒600倍的比久溶液或1000倍的多效唑溶液,并剪去侧枝。入伏后可随时摘山药豆。生姜出苗后要中耕除草。立秋前后,姜苗生长速度加快,为创高产,每亩应结合浇水追施复合肥35千克、硫酸铵20千克,并覆土培垄。培垄后浇透水,这样,原来姜株生长的沟就变成了垄埂。

(2)防治病虫害:山药在生长期内基本上不发生病虫害,但易发生地下害虫,可在生长盛期用40%甲基异硫磷1000倍液浇灌山药茎基部。防治姜瘟病可参见本书相关部分。

4. 适时收获

山药从霜降后茎叶枯黄时至来春出苗前均可根据市场行情收获出售。生姜一般在初霜来临之前收获贮藏。

(九)黄瓜、菜豆、生姜间作

1. 种植方式

选地势较高、肥沃疏松、排灌方便的沙质壤土,深沟高畦种植。通常畦宽(包墒)1米,墒宽25厘米,深20厘米。每畦两侧相间栽植两行黄瓜、菜豆,行株距平均50厘米×40厘米,亩各植3300株左右,行株距50厘米×(20~25)厘米,亩6000兜。

2. 栽培技术

江淮地区,黄瓜于2月底3月初,菜豆于3月底4月初进行营养钵薄膜育苗。黄瓜于5厘米地温稳定在12℃以上(4月上旬),苗龄35天左右,幼苗三叶一心时即可定植。菜豆于4月下旬,待有3~4片真叶时定值。有条件的最好用地膜栽培,借以增温保墒,争早促发。

种姜于播前30天左右经晾晒2~3天后用温床催芽,上覆一层薄稻草,最后搭架覆膜,夜晚加盖草保温。约经15~20天即可出芽,待芽头圆钝、芽长1厘米左右,约在4月下旬日均温回升到15℃以上时播植。播前将催芽种姜切块,每块需带有一个以上壮芽,重约50克,切面蘸上草木灰。栽时将种姜平放于预先开好的种植沟内,芽头排向一致,并稍向下倾斜,以利种姜下端萌发新根和采取种姜,栽后上覆肥熟细土3~4厘米,有条件再覆一层稻草。

3. 田间管理

田间管理工作除根据瓜、豆、姜的生育进程合理运筹肥水,搞好病虫害防治外,主要应及时做好以下两项工作。

(1)及早调整植株。黄瓜、菜豆蔓生,尤因菜豆植株茎细而脆弱,故醒棵后即应搭架,顺蔓引缚。通常选用2~2.5米木杆,每株插两根(芦竹插1根),每畦两行束在一起,搭成"人"字形支架。有条件时每架中间再加插3~4根树棍作支撑。为使菜豆有一适宜环境生长,需于黄瓜采收尾期,即6月底7月初,及时拔断瓜根(无需拉断瓜蔓)。当瓜蔓爬至距架顶15~20厘米时即应摘心,促侧蔓萌发;等侧蔓见有雌花后,于其前端留1~2叶再摘心。且随时摘除卷须及全蔓基部黄叶、病枯叶,以减少养分消耗,改善通风透光条件。8月下旬开始气温渐低,自然光照已趋减弱,此时,生姜根状茎已开始膨大,亦需充足光照,因而要及时摘除菜豆南侧架腰以下老叶,以利光合产物的合成和积累。

(2)及时松土培根。黄瓜、菜豆醒棵后及生姜苗期,尤其是雨后应结合除草、施肥,及时中耕划锄,疏松土壤,生姜于"小暑"前后开始培2～3次土,每次培高3～5厘米,有条件可结合培土再增施些土杂肥,以免新姜外露,影响品质。

4. 分批采收

黄瓜主要以嫩瓜供食。露地春黄瓜采收期在5～6月份,通常于雌花开花后7～10天,瓜顶端钝圆时采摘较为适宜。菜豆7月中旬始采,霜冻前采毕。生姜有采收种姜、嫩姜和老姜之别,种姜于株高16～18厘米,有5片左右真叶时,结合松土取出(弱苗不取);嫩姜于"白露"前后根据市场需要适时适量采收;老姜于"立冬"前后待地上部茎叶始黄、地下根状茎老熟时采挖,此期采的姜,不仅产量高,辣味浓,且耐贮藏,可作种姜或制干姜。

(十)小拱棚韭菜套种姜

韭菜套种姜从生姜播种至收获,虽与韭菜共生期较长,但由于韭菜在生姜生长期间不收获或收获次数很少,从土壤中吸收的养分较少,而在生姜整个生长过程中施肥浇水量充足,为韭菜冬季生长打好了基础。韭菜套种生姜,不仅可提高土地利用率,又可提高经济效益。一般韭菜亩产1000～1250千克,生姜亩产1000～1500千克。

1. 种植方式

4月上中旬直播韭菜,韭菜畦宽1.2米,每畦播4～5行,每畦间隔1.8米。5月上旬在韭菜畦间开姜沟种3行生姜,沟距50厘米,施足基肥,浇足底水,然后将种姜按16～18厘米的株距排放在沟中,最后覆土4～5厘米厚。

2. 田间管理

生姜播种后1周内插好姜草,以后的管理同单作。10月下旬,生姜收获以后,在韭菜畦的北面垒50～80厘米高的土墙,将韭菜畦建成单斜面小拱棚。11月上旬覆盖塑料膜,到寒冷季节夜间加草苫。韭菜于12月至第二年5月收获,5月份拆除北墙,再在畦间种生姜。

(十一)大棚生姜套种西瓜

大棚生姜栽培投资较高,由于生姜发芽慢,出苗晚,前期生长量小,不能充分利用大棚空间。因此与西瓜套种,在不影响生姜生长及产量的前提下,使大棚得以充分利用,进而提高单位土地面积的产出率。西瓜栽植密度小,收获期早,叶面积系数低,对生姜生长的影响很小。因此生姜与西瓜套作是目前生姜产区普遍采用的一种间作方式。

1. 种植方式

西瓜定植前应先挖宽60厘米、深30～40厘米的丰产沟,丰产沟间距4米左右,沟内填入充足的肥料与土拌匀,一般每亩施优质腐熟厩肥1万千克、豆饼100千克、复合肥50千克,覆平后踏实。然后做成龟背畦或起高垄,或做大小畦。在沟内按50厘米行距栽2行西瓜,株距50厘米。生姜催芽后可先在西瓜小行中间挖穴播种1行生姜,再按65厘米左右的行距开沟或挖穴播种其他生姜。

2. 栽培技术

(1)选用良种:西瓜一般选用中早熟、抗病、易坐瓜、品质好的品种,如京欣1号、郑杂5号、西农8号、丰收2号等;生姜选用肉质细嫩、外形美观、辛香味浓、品质佳、耐贮运、适合出口的品种,如莱芜大姜等。

(2)整地并平衡施肥:选择地势较高、排灌方便、土壤肥沃、3年内没有种过生姜的田块种植。一般在冬前挖好西瓜丰产沟,经过一段时间的冻融,于元月中旬将肥料分两层施入丰产沟内,把瓜垄整好备播。施肥以有机肥为主,限量使用化肥,禁止使用硝态氮肥和未经处理的城市垃圾。一般每亩施土杂肥5000千克,三元复合肥50千克、饼肥50千克、硫酸钾30千克。在西瓜定植前10天将拱圆大棚建成并扣膜提高地温。

(3)育苗催芽:西瓜育苗可在日光温室内育苗,也可在拱圆大棚内火炕育苗,重茬地块嫁接育苗。一般在上年的12月下旬播种,2月上旬定植前育出健壮的种苗。

生姜催芽一般在3月上旬晴暖天气从姜窖中取出种姜,去除泥土,进行适度的晾晒和困姜。在晾晒过程中,把不适宜作种用的姜块挑出,选择姜块肥大、色泽鲜艳、质地硬、不干缩、不腐烂、无病虫害的健壮姜块作种用。将晒好的姜块放在大棚或日光温室中催芽,适宜温度为22~25℃,勿高于28℃和低于18℃。一般20~25天就可将姜芽催好,然后在播前把姜块掰成75~100克的小块,每块种姜只留一个短壮芽。

(4)定植播种:西瓜幼苗长出3~4片叶后即可定植。西瓜定植的时间根据覆盖情况而定,若在大棚内仅盖1层薄膜,一般在3月中下旬定植,可与生姜一同下地后盖膜。若在大棚内再盖小拱棚,小棚内盖地膜,小拱棚上盖草苫,则可在2月底定植。

3. 田间管理

(1)西瓜的栽培管理:西瓜定植后加强温度及肥水管理。缓苗前,白天温度控制在28~32℃,夜间不低于18℃;缓苗后白天温度控制在 25～28℃,夜间不低于 15℃;开花结果期白天 30～32℃,夜间 15～18℃。水肥的管理应根据土壤状况及生长特点进行,一般在缓苗后浇缓苗水,之后保持地面见干见湿,至甩蔓时追催蔓肥,一般每株西瓜施 15 克尿素,至现蕾时控制水分,待坐果后,追施膨瓜肥,每株 25 克复合肥,随后浇大水,保持地面湿润状态。西瓜定个后控制浇水。

大棚西瓜一般采用三蔓两瓜制,即在保留主蔓生长前提下,从其基部选留 2 条侧蔓,待主蔓果实定个后,在侧蔓再留 1 个瓜。但应注意,留瓜应留第二朵雌花,为促进坐果,必须在开花当天上午 9 时前进行人工授粉。

(2)生姜的栽培管理:生姜播好后,喷除草剂,盖地膜。注意不要让除草剂喷到西瓜苗上,以防产生药害。若生姜播种晚,也可不盖地膜。在西瓜第一个果定个前,田间管理以西瓜为重点,第一个果收获后,其管理重点转移至生姜上来,具体管理方法可参照本书第三章第二节。

(十二)塑料大棚生姜套种黄瓜

1. 种植方式

黄瓜按大小行距 100 厘米和 50 厘米起垄栽培,垄高 20 厘米,株距 25 厘米。黄瓜行间种生姜,行距 50 厘米,株距 18～20 厘米。

2. 栽培技术

2 月中旬育黄瓜苗,并对姜种进行催芽处理,3 月 20 日定植(棚内最低温度达到 8℃以上时)。在黄瓜定植的同时种植生姜。

3. 田间管理

黄瓜定植前每亩施有机圈肥 5000 千克、复合肥 50～75 千克。

黄瓜缓苗后在其行间开沟,每亩在沟内撒施饼肥 50～75 千克、复合肥 25～50 千克,与土壤混匀后在沟内排放姜种,其余按常规管理。

姜苗出齐后,黄瓜已经伸蔓,前期可为姜苗遮荫。7 月上旬黄瓜拉秧后及时施肥培土,一般每亩施饼肥 75～100 千克、复合肥 50 千克左右。

为防止温度过高,可将大棚下部棚膜揭开通风,保留顶部棚膜遮荫。霜降前再将棚膜盖上,这样,可将生姜收获期延迟到 11 月上中旬。使其生长期延长了 30～35 天,从而大幅度提高了产量。据试验,大棚生姜与黄瓜套种一般每亩产生姜 3600～4000 千克、黄瓜 5000～5200 千克,比露地单栽生姜增产 30%以上。

(十三)大棚生姜套种马铃薯

1. 种植方式

按 60 厘米行距开沟种马铃薯,在马铃薯行距中间套种姜。

2. 栽培技术

大棚马铃薯与生姜套作,宜选用鲁引 1 号、津引 8 号、东农 303 等早熟品种。一般大棚内盖地膜的马铃薯可在 2 月上旬播种。播种前 20 天左右切块,用 0.5 毫克/千克赤霉素浸泡 15 分钟后捞出,晾干水分后催芽。待芽长 2 厘米左右时,放在弱光下绿化 2～3 天,即可播种。

马铃薯播种时,先按 60 厘米行距开 5 厘米深的浅沟,沟内浇水后,将带芽薯块按 22 厘米左右的株距旋入沟内,随后覆土。播种完毕后,喷施 48%氟乐灵乳油(100～150 毫升/亩)或 48%地乐胺乳油(200 毫升/亩)防除杂草,混土 2～3 厘米后盖地膜。约 30～40 天,马铃薯出苗后,在马铃薯沟内播种生姜,随后浇水。

生姜的播种与纯作姜田基本相同。催芽后的生姜于3月中旬播于马铃薯行间,若有地膜,可用刀划开后,向两侧翻开。然后在沟内按每亩施用100千克饼肥、50千克复合肥,轻刨,肥土混匀后,开沟,按株距18厘米左右播种生姜,覆土后浇水,并将地膜压好。

3. 田间管理

马铃薯生长过程中,可在发棵期、开花期结合浇水,顺水各冲施20千克/亩左右的复合肥。马铃薯出苗后保持地面湿润,至现蕾时控制浇水,待开花时追施催薯肥后再浇水,始终保持地面湿润。至5月上旬前后,可根据市场及马铃薯生长情况,决定马铃薯的收获时间。

生姜的管理与纯作姜田相同,在马铃薯收获前以马铃薯为管理重点,马铃薯收获后,生姜的管理与大棚纯作生姜相同。

第五节　姜种植的月份管理

我国南北跨度较大,下面以山东省生姜种植的月份管理进行说明,各地可参考执行。

2月下旬至3月上旬:取姜种、晒姜种、催芽晾晒2～3天(中午),选种、困姜,催芽适温20～23℃,湿度在40%～60%。15℃以下不能晾晒,密闭催芽。

3月中旬至4月上旬:露天地膜栽培可于4月上中旬播种,小拱棚栽培可于3月底、4月初进行播种,大拱棚栽培可在3月20日前后播种,提前打沟施肥,播后喷除草剂,覆膜。行距60～70厘米,株距20～25厘米,深度15厘米,覆土2～3厘米。

气温稳定在15℃以上,地温16℃以上即可露地播种,最好根据各地情况播种,一般适期为清明至谷雨,在这段时间内,以早播较好。每块姜重50～80克,具1～2个壮芽,用250～500毫克/升的乙烯利浸种15分钟后,采用平摆法播种,单行栽植,株距18～24厘米,每亩2500～4000株,亩用种量150～250千克。播后盖一层薄土,然后用堆肥、厩肥等盖土,最后覆草保温。幼苗期一般不施肥水。

5月:从5月上旬开始,即可为姜苗遮荫,可采用搭架遮荫,或地面覆草遮荫,或间作遮荫或盖黑色地膜遮荫等多种形式。姜地要随时清沟沥水,严防渍水烂姜。

加强中耕除草,化学除草可用25%的除草醚可湿性粉剂,采用喷雾法,每亩用1千克左右,加入100千克左右清水配成药液,于姜播种后,趁土壤湿润将药液均匀地喷在姜沟及周围地面上,倒退操作。也可用杜尔、拉索等药剂。

6月:从6月初开始注意钻心虫的危害,每隔7～10天喷1次溴氰菊酯类杀螟药剂,或用90%敌百虫或敌敌畏1000倍液喷叶或灌心。第一次喷除草剂后20～25天再同样喷一次。下旬可采收老姜,同时重施一次枯饼肥或人粪尿,然后培土。注意防治姜瘟病。

7月:高温干旱,要注意灌水抗旱,经常保持土壤湿润。灌水必须于早晚进行,急灌急排,不留渍水。注意防治姜瘟病、钻心虫、甜菜夜蛾等。

8月:注意抗旱保湿,一般每隔5天左右要浇一大水,但不能造成姜田积水,降雨后要及时排渍。于立秋至处暑间重施追肥一次,每亩施复合肥20～30千克或30%人畜粪液1500千克,追肥要在距离姜苗植株基部约15厘米处挖一浅沟施入。结合追肥第一次培土,把原来的沟背的土壤培在姜株基部,变沟为垄。以后培土结合浇水进行。一般共培土3次左右。注意防治姜瘟病、钻心虫等。

9月:上中旬要进行姜田的第三次追肥,可每亩施硫酸铵25

千克或三元复合肥 20 千克,对于长势好的,这次追肥不可进行,以免徒长。中下旬应及时收割间作物,拆除遮荫棚。上中旬可采收嫩姜上市。

10 月:从 10 月中下旬至 11 月上旬,初霜来临前收获鲜姜,带有少量潮湿泥土,不用晾晒直接入窖贮藏。贮藏的关键是满足贮藏温度(15 ± 2)℃,相对湿度 90%~95%,利用地窖或防空洞,或坑埋贮藏。

11 月:11 月后贮藏前期注意通风,后期注意保暖:夏天不能晒透,冬天不能冻透。

第四章 姜病、虫、草害的防治

随着姜种植年限的延长和种植面积的不断扩大,病虫基数的长年积累,使得姜病虫害不断加重,导致生姜产量大幅度下降。

姜生产同样按照预防为主、综合防治的原则,优先采用农业防治、物理防治、生物防治,配合科学合理使用化学防治,达到生产安全、优质、无公害生姜的目的。

第一节 姜病、虫、草害综合防治

1. 农业防治

(1)实行 4 年以上的轮作栽培。

(2)选择肥沃疏松的土肥栽培,开好田间排水沟。

(3)选用无病姜种,实行种块消毒,及时拔掉中心病株,在病株周围撒石灰消毒,

(4)收获后,清理干净田间虫蛀的断株、枯叶等。

2. 物理防治

根据害虫生物学特性,采取糖醋液、黑光灯、防虫网、频振式杀虫灯等方法诱杀害虫。人工释放赤眼蜂、保护瓢虫、草蛉、螳螂等天敌防治虫害。

3. 化学防治

加强病虫害的预测预报,及时掌握病虫害发生动态,选用生物制剂或高效、低毒、低残留农药,采用适当施药方式和器械进行防治。

(1)选用无公害蔬菜生产的农药

①生物农药:生物农药对害虫具有控制特效,且是安全性极高的农药,具有高效、低毒、无残留、抗药性慢等特点。如细菌杀虫剂B.t.(苏云金杆菌微生物杀虫剂)、阿维菌素等;参碱植物杀虫剂;真菌杀虫剂(白僵菌);昆虫病毒杀虫剂及昆虫信息素类(如性诱剂)。

②现代概念的植物源农药:即对害虫有拒食、驱避、阻碍发育、干扰生殖等特异作用的植物提取物(如印楝素、川楝素)。

③昆虫生长调节剂:如灭幼脲、农梦特、伏乐得、抑太保等,这类化学农药,杀虫机制是抑制昆虫生长发育,使之不能脱皮繁殖,其杀虫性很高,但对人畜毒性极低。

④新型抗生素类制剂:如多杀霉素对抗蔬菜害虫具有高效速效性,但对人和高等动物非常安全,且安全间隔期短,非常适合在菜田中使用。

⑤高效强选择性药剂:如氨基甲酸酯类的抗蚜威只对蚜虫表现出高效(具有触杀、胃毒、熏蒸三重作用),而对其他生物无伤害,并且残效期短,对作物和天敌安全,是生产无公害蔬菜、维护菜田生态平衡的理想药剂。

(2)禁止使用国家明令禁止的高毒、剧毒、高残留的农药及其混配农药品种。有限度地使用部分有机合成农药。禁止使用的高毒、剧毒农药品种有甲胺磷、甲基对硫磷、对硫磷、久效磷、磷胺、甲拌磷、甲基异硫磷、特丁硫磷、甲基硫环磷、治螟磷、内吸磷、克百威、涕灭威、灭线磷、硫环磷、蝇毒磷、地虫硫磷、氯唑磷、苯线磷、六

六六、滴滴涕、毒杀芬、二溴氯丙烷、杀虫脒、二溴乙烷、除草醚、艾氏剂、狄氏剂、汞制剂、砷、铅类、敌枯双、氟乙酰胺、甘氟、毒鼠强、氟已酸钠、毒鼠硅等农药。

(3)无公害蔬菜生产的农药施用

①对症下药:在充分了解农药性能和使用方法的基础上,根据防治病虫害种类,选用合适的农药类型或剂型。

②适期用药:根据病虫害的发生规律,严格掌握最佳防治时期,做到适时用药。对病害要求在发病初期进行防治,控制其发病中心,防止其蔓延发展,一旦病害大量发生和蔓延就很难防治;对虫害则要求做到"治早、治小、治了"。

③科学用药:要注意交替轮换使用不同作用机制的农药,不能长期单一化,防止病原菌或害虫产生抗药性,利于保持药剂的防治效果和使用年限。蔬菜生长前期以高效低毒的化学农药和生物农药混用或交替使用为主,生长后期以生物农药为主。使用农药应推广低容量的喷雾法。

④选择正确喷药点或部位:施药时要据不同时期不同病虫害的发生特点确定植株不同部位,进行针对性施药。达到及时控制病虫害发生,减少病原和压低虫口数的目的,从而减少用药。例如叶斑病的发生是由下边叶开始向上发展的,早期防治叶斑病的重点在下部叶片,可以减轻上部叶片染病。斜纹夜蛾等害虫栖息在幼嫩叶子的背面,因此喷药时必须均匀,喷头向上,重点喷叶背面。

⑤合理混配药剂:采用混合用药方法,达到一次施药控制多种病虫危害的目的。但农药混配要以保持原有效成分或有增效作用,不增加对人畜的毒性并具有良好的物理性状为前提。一般各中性农药之间可以混用;中性农药与酸性农药可以混用;酸性农药之间可混用;碱性农药不能与其他农药混用;微生物杀虫剂(如B.t.乳剂)不能同杀菌剂及内吸性强的农药混用。

⑥要严格按照期限执行农药安全间隔:菊酯类农药的安全间

隔期5~7天，有机磷农药7~14天，杀菌剂中百菌清、代森锌、多菌灵14天以上，其余7~10天。农药混配剂执行其中残留性最大的有效成分的安全间隔。

第二节 姜种植中病、虫、草害的识别与防治

姜主要病害包括姜瘟病、斑点病、病毒病等，主要害虫包括蛴螬、蝼蛄、金针虫、地老虎、蛆、蝇等地下害虫，螨类、姜螟虫等。

一、病害的防治

1. 姜瘟病

姜瘟病属于细菌性病害，老姜区种植的姜几乎每年都发病，发病轻的姜田一般减产5%~15%，发病重的姜田减产50%~80%甚至绝收。姜瘟病是姜病害中危害最大的一种病害。

【发病症状】初发病时病株叶片比健株叶片稍呈浅黄色，之后，植株茎秆基部呈水渍状，随着病情的发展，茎秆基部的叶鞘变成淡黄色，并逐渐向上扩展，叶片由下而上变成枯黄色并卷曲，最后倒地枯死。根茎初发病时如开水汤过一样，表面无光泽，初呈淡黄色，后变黄褐色变软腐烂。姜瘟病原细菌侵入植株后可分为急性型和亚急性型两种，急性型表现为茎秆与姜球切断处、姜球切断处流出白色米水状汁液，病株向四周围扩展蔓延很快。亚急性型没有流出白色米水状汁液，病株向四周围扩展较慢。

【发病原因】病原属假单胞杆菌属。姜田发生姜瘟病的初次侵染，一般由土壤、肥料、姜种、灌溉水带菌引起。

（1）土壤带菌：姜田发病后，病株茎秆、烂姜残留在土壤中（要经种水稻4年以后才能重新种姜），病菌可跟随雨水进入其他水稻

田。如在病地育菜苗、烤烟苗,当把菜苗、烤烟苗移栽到未种过姜的田块,或在病地里育水稻抛香苗,把抛香苗抛到水田里,或把带菌肥料施到其他田里,这些田块,虽然未种过姜,但是土壤里已带有姜瘟病原细菌。

(2)肥料带菌:用病株残体沤农家肥,肥中就带上了病菌;在病地里种植花生,摘花生果后用其茎秆沤作堆肥,肥中就带上了病菌;在病地里种花生、烤烟、玉米,用其茎秆烧火做饭,根系带有病土,做饭时病土掉在灶前,清理灶灰时连同病土倒入农家肥中,肥中就带上了病菌。

(3)姜种带菌:在发病田、病田水流过的姜田以及用带菌水灌溉的姜田留种,其姜块和黏附在姜块表面的土壤,都带有病菌。

(4)灌溉水带菌:在发病区,大量的病株茎秆、烂姜丢在水沟里、小溪中,灌溉时大量的病菌跟随灌溉水进入姜田,姜瘟病原细菌除以上传播途径以外,还可以通过人、农具等传播。

【发病规律】 姜瘟病原细菌喜欢高温高湿,进入芒种时节,雨量增多,气温在27~32℃之间,有利于病害发生、流行。特别是夏季的高温天气,气温高达34~36℃,伴有大雨暴雨,发病的姜田被雨水淹没姜畦,病菌再次侵染,蔓延速度快。入秋后8~9月份,姜进入生长旺盛时期,也是病菌蔓延速度最快时期。在6月初就发病多处的姜田,病菌经过多次反复侵染,田间植株的感病率一般为50%~60%,高的可达80%~90%,甚至有的田块失收。进入深秋后,气温下降至27℃以下时病菌蔓延速度减慢,南方10月下旬至11月上旬,病菌基本停止蔓延。

姜田的发病轻重,一般与土壤、肥料、姜种所带的菌量、年降雨量大小有关。当姜种、土壤、肥料中都同时带菌,姜田病株出现早,发病处多的姜田遇上夏秋季雨水多的年份,姜瘟病发生非常严重。当土壤、肥料、姜种其中一种带菌,并且带的菌量不多,则姜田出现病株迟,有的田块只有一处病株,病株出现少的姜田,遇上夏秋季干旱的年份姜田发病就轻。姜田排水不良，畦沟积水，发病重。过多施用氮肥的姜田发病重。在坡地上种植的姜，发病后病菌跟随雨水往下流，病害蔓延迅速，发病重。

【防治方法】 当姜田出现病株后，要拔除病株，挖出烂姜，铲除病穴的土壤，并把病株周围1米以内未发病的植株拔除掉，撒施生石灰，然后用塑料薄膜覆盖在病株畦上面，不让雨水淋到病土，减少病菌随雨水扩散。

在培土前就出现病株的姜田，是否还要培土，要根据病情而定，如果病株症状表现为急性型，并且姜田有多处病株出现，就不必培土，因为病菌跟随雨水沿着畦沟流向排水口，水流过畦沟的土壤带有病菌，培土只会加快病害蔓延的速度。如果病株表现为亚急性型，并且姜田出现病株处不多，则可培土。培土时，病株左右两条姜畦不培土，用土封住未发病姜畦的畦沟另开排水口，不让发病畦沟的水流向未发病的畦沟。如果姜是连片种植，上田块发病以后，有条件的姜田，尽量把病田水排向大水沟或小溪，避免病田水流入未发病的姜田，引起病害蔓延。在病田里使用的农具洗净用火烧后才能重新使用，人的手、脚洗干净后才能进入未发病的姜田。夏季高温，姜田要经常灌水，发病田灌水时不让水通过发病株的畦沟。因为夏季气温高，病菌繁殖迅速，灌水时病菌随水扩散，在短期内就有大量病株出现。发病姜畦的草根带有病土，在发病田里除草，不要把发病姜畦的草丢到未发病的姜畦上，也不应把草堆在姜田上方的田埂上，应把草丢到姜田的下游。

姜田发病后，要注意观察病情，经常在病株周围做抽样检查，因为病菌侵入姜块后要经过一段时间茎叶才能够表现出症状，待茎叶表现出症状后姜块已经腐烂。所以当抽样检查发现病害蔓延速度快，并有多处病株出现，就要及时采收未感病的植株根茎上市。特别是在坡地上种植的姜，发病后要及时采收病株下方的植株根茎上市，减少损失。

目前的杀菌剂还没有能够完全杀死姜种、肥料、土壤中的姜瘟病原细菌的,用药物防治效果不好,应当以农业综合防治措施为主,在姜栽培当中要做到:

(1)轮作选净地:常年发病的老姜区,由于病菌在该地区的不断积累,土壤带菌逐年增多,使姜农年年种姜年年受到姜瘟病危害。为减轻病害的发生,姜农每年选地时要统一规划,对未受到姜瘟病菌污染的田块,要从下游开始种姜,以后逐年往上游种植,这样可以避免先从上游种姜,姜田发病后病菌污染下游的田块,使未种过姜田块的土壤带有姜瘟病原细菌。要有计划进行轮作,种过姜的田块应和水稻和其他农作物轮作4年以上,采用轮垌统一种植,不要分散种植,分散种植会使每个田垌的田块的土壤每年都受到污染,有条件的地方可以和邻近不种姜的村屯调换姜田。

(2)建立无病留种田,采用无菌姜种种植:不在发病田水流过的姜田留种,在病区内建立无病留种田,可以选用新荒地、未种过姜的果园空隙地、山弄平地、山中田。地势较高的水稻田可作为留种田,留种田要与商品姜田分开种植。

(3)施用无菌肥料:在病区内尽量施用不带菌的农家肥,避免肥料带菌传病。

(4)灌不带菌水:采用上游不种姜的小溪水、泉水灌溉,在灌水之前,要了解水源是否已被污染,不用已经污染的水源灌溉。只要做到土壤、肥料、姜种、灌溉水不带菌,姜瘟病就少发生或不发生。

2. 立枯病

姜立枯病主要危害幼苗,初病苗茎基部靠地际处褐变,引致立枯。1999年广西武鸣县上江村老姜区发生流行,发病轻的减产20%～40%,发病重的减产70%～80%,姜农损失很大。

【发病症状】 姜植株染立枯病后,茎秆、叶片、根茎都表现出症状,发病初期,叶片呈淡黄色,茎秆基部产生椭圆形褐色病斑,叶片由下而上焦枯,发病的植株茎秆枯死的时间不同。有的植株茎秆一边倒地枯死,另一边茎秆还青绿,有的植株只有两三条茎秆枯死倒地,其他茎秆还好。有的植株主苗先枯死,发病重的植株整株倒地枯死。根茎被染病后,初呈水渍状,淡黄色,后呈暗褐色变软腐烂。根茎中的各个姜球发病不一致,病菌有的先从分枝的姜球顶部侵入,然后向主苗的姜球和各个分枝苗的姜球扩展,有的病菌先从主苗姜球侵入,然后向各个分枝苗的姜球扩展,姜球上被病菌侵染的部分与未发病部分分界明显。

【发病原因】 高温干旱是引起立枯病发生流行的主要因素,1998年夏末秋初,武鸣县气温高达35℃以上的天气维持时间长达1个多月,整个秋冬两季雨水极少,马头镇姜区立枯病流行。2000年夏秋两季高温干旱时间与1998年相同,凡利用旱地种植的姜,或用水稻田种植高温干旱时期没有灌水的姜田,有80%的姜地都不同程度地发生立枯病,植株长势弱的姜地发病重,损失达60%以上。在高温干旱期间能够灌水,畦沟经常保持湿润的姜田发病轻或不发病,这是由于高温干旱时期能够经常灌水的姜田,植株生长旺盛,从而提高了抗病能力,高温干旱不灌水的姜田,植株长势弱、抗病能力下降,立枯病菌乘机侵入。另外,第二次培土过迟,或在高温时期培土,或培土时施入较多氮肥的姜田,也容易发生立枯病。

【发病规律】 立枯病为真菌病害,病菌以菌丝、菌核在姜种、土壤中越冬,成为第二年的初侵染源,以后在田间传播。用带菌姜种种植,病菌在姜种内继续繁殖,播种后姜苗未破土之前就有部分姜种腐烂,造成缺苗。有的姜种待姜苗出土后腐烂,长出的姜苗叶色淡黄,长成僵苗。姜田发生立枯病一般从苗期就有少数植株发病,进入夏末秋初病株逐渐增多,当气温下降至30℃以下时,病苗扩展迅速,姜田有大量病株出现,病情进入高峰期,当气温下降到10℃以下时病情危害减慢,病菌有较强的耐低温能力,在冬季贮藏期间仍可继续为害。1998年冬,马头镇的部分姜农,在立枯病发病田选留无病症的姜块留种,第二年春季发现贮藏的姜种有20%～30%的姜块腐烂,腐烂严重的可达50%以上。

【防治方法】 立枯病害发生时间长,传染途径多,在生产上应以农业防治措施为主,兼用药物防治。

(1)被立枯病菌侵染的姜田不要留种,防止姜种带菌传病。

(2)立枯病菌腐生性强,要与其他农作物轮作4年以上。

(3)注意氮磷钾肥配合施用,高温时期不应施用氮肥。

(4)夏秋季高温时期要对姜田进行灌水,提高植株抗高温、抗病能力。

(5)姜田发病初期,可以对姜田进行灌水,经常保持畦沟土壤湿润,促进植株生长,从而控制病害蔓延。

(6)药物防治:发病初期,用50%敌克松1:500倍液或用40%五氯硝基苯1:600药液灌根2～3次。

3. 白绢病

白绢病虽然不是姜的主要病害,但近年来随着夏秋季高温天气维持时间长,白绢病发生为害逐年加重,应引起重视。

【发病症状】 白绢病属于真菌性病害,主要危害植株的根茎和茎秆,根茎被染病时,表面长有白色绢状菌丝体,多为辐射状,边缘尤为明显,后期病发部位由白色变成茶褐色油菜粒大小、表面光滑、圆形坚硬的菌核。根茎表面有形状大小不一、凹入组织1～2毫米、深暗褐色的病斑。根茎上的姜节,鳞片变成暗褐色,受害严重的根茎变褐腐烂。

【发病原因】 天气潮湿时,菌丝体沿着茎秆基部向上扩展,多数菌丝体停留在距畦面土壤5～15厘米高处。当植株茎秆过密,连续下雨,田间湿度大,菌丝体又继续向上扩展为害。有的菌丝体为害至顶叶,使整条茎秆枯死。菌丝体不仅危害茎秆,也能在畦面土隙中扩展并结有菌核。白绢病菌以菌核、菌丝体在土壤、肥料中越冬,土壤、肥料带菌是第二年初的侵染源。白绢病危害姜田从夏季开始出现病株,但由于夏季植株分枝少,在畦面上形成遮荫面积不多,强烈的阳光照晒时常使畦面土壤干燥,畦面土壤干燥不利于白绢病菌丝体在土隙中扩展,所以姜田只有少量病株出现。8月中下旬,气温在30～33℃之间,植株分枝、出叶数增多,两畦植株的茎秆完全盖没畦沟,透光面积少,灌溉水、雨水湿润畦面土壤,土壤保持湿润的时间长,白绢病菌丝体在畦面土隙中发展非常迅速。夏季只出现少量病株的姜畦,此时整条姜畦上的植株在短时间内完全被侵染。进入深秋后,天气干燥,气温下降至25℃以下,白绢病菌停止为害。

【发病规律】 白绢病菌的寄主植物较广,可危害花生、菜豆、番茄、辣椒等作物,因此利用经常种植这些作物的地块种植姜,则病害发生较为严重。姜种植过密、氮肥施用过多引起茎叶徒长,田间透光面积少、畦面湿度大的姜田发病重。砂壤土土质疏松,有利于菌丝体的扩展,因此砂壤土种植的姜比黏性土种植的姜发病重。

【防治方法】

(1)全理密植,姜田不要种植株数过多,不宜施用过多的氮肥。拔除畦沟内的杂草,保持姜田通风透光良好。

(2)不在发病田留种,防止姜种带菌传病。

(3)注意轮作,发病田要种上水稻2年以上才能重新种姜。

(4)不用前作为花生、菜豆、番茄、辣椒等易感作物的地块种姜。

白绢病菌丝体生命力强,目前尚未有理想的药物防治。

4. 丝核菌根茎腐烂病

丝核菌根茎腐烂病在姜区内发生极为普遍,发病轻的姜田一般减产10%～20%,发病重的姜田减产30%～40%。

【发病症状】 姜丝核菌根茎腐烂病属于真菌性病害,主要危害地下根茎部分,被为害的植株茎秆、叶片根茎都能够表现出症状。根茎被为害时,根茎表面长有白色丝状菌丝体,有臭味,菌丝体上结有菌核,菌核呈馒头形、长条形、不规则形几个重叠在一起,如米粒、黄豆大小,表面初呈白色,后变成淡黄色,里面呈紫色。被菌丝体为害的根茎表面初呈棕褐色,后病部凹入根茎表面组织1～2毫米深,变成黑褐色形状大小不一的病斑,为害严重时根茎变成黑褐色,腐烂。植株茎秆染病初时症状表现不明显,到了中后期茎秆基部呈棕褐色,叶缘由下而上变成金黄色,最后整株倒地枯死。

【发病原因】 土壤、肥料、姜种带菌是第二年初的侵染源,姜种带菌可远距离传播。丝核菌根茎腐烂病在姜整个生育期和贮藏期都可发生为害。附在姜种表面的菌丝体随姜播种,在土壤里,扩展并继续为害姜块和姜芽,使姜块和姜芽腐烂,造成缺苗。能够破土的姜苗由于菌丝体继续在姜苗基部的姜球为害,姜苗叶片是淡黄色,不久便枯死。发病早的姜苗,一般从苗期就出现病株。夏季高温高湿对菌丝体有控制作用,秋季当气温在28～32℃时,菌丝体扩展迅速,姜田发病进入高峰期。苗期就出现病株的姜畦,菌丝体可在畦面土隙中扩展1～2米长,菌丝体有较强的耐低温能力,在冬季贮藏的姜堆中,菌丝体继续扩展为害,是姜贮藏期引起烂姜的主要病害之一。

丝核菌根茎腐烂病的发生,不需较高的土壤湿度,从未发现靠近水沟经常湿润的姜畦比其他土壤干燥的姜畦发病重,也未发现地势低洼、含水量高的姜田比地势高、土壤含水量低的姜田发病重。

在南方采用堆藏法贮藏在干燥的厨房木板楼上的姜种,发现有丝核菌根茎腐烂病菌丝体为害,说明丝核菌根茎腐烂病的菌丝体有较强的耐干燥能力。

【发病规律】 丝核菌根茎腐烂病菌的寄主植物,除了生姜外,玉米、花生中也有发生。山区利用森林植被和草本植被区种植的姜，不论新、旧荒地都有发生。平原的水稻田、旱地种植的姜同样发生此病。用水稻田种植的姜，发现靠近田边的姜畦，比田中央的姜畦发病重，可能是病菌以田边的杂草为寄主植物。因此，自然界的杂草、树木可能是丝核菌根茎腐烂病菌的主要寄主对象。

丝核菌根腐烂病的菌丝体为好气性菌丝体，被为害的植株根茎大多数靠近土壤表面的上部分比下部分受害严重。当气温低于20℃时，连续下雨数天，畦面土壤高湿时间长，发现有部分菌丝体死亡，可能是由于土壤中氧气不足。栽培中也发现秋季雨水均匀的年份发病轻，秋季干旱的年份发病重，土壤通透性良好的砂质土比黏土发病重。多施用氮肥的姜田发病重。

【防治方法】 丝核菌根茎腐烂病的菌丝体有臭味，发病重的姜田在田间可闻到菌丝体散发出的臭味，根据臭味的方位，可以找到发病株，丝核菌根茎腐烂病菌在土壤中存活时间长，因此，在姜栽培中要求做到以下几点。

(1)发病的姜田要种上水稻3年以上才能重新种姜。

(2)姜种带菌是引起第二年发病重的主要原因，在选种时，要注意观察姜块表面，发现有白色菌丝体或有褐色病斑时不要留种。

(3)不施带菌肥料，不要过多施用氮肥。

(4)发现病株后，要立刻拔除病株，铲除病株周围的土壤，用40％五氯硝基苯粉剂配成1∶600倍药液消毒病株周围的土壤。对发病较重的姜田用1∶600倍药液灌根2～3次，有一定效果。

5. 斑点病

斑点病又称"白星病"，在老姜区发生极为普遍，由于病菌的积累，病害发生逐年加重，受害严重的姜田叶片一片枯黄，严重影响了植株的光合作用，从而影响了姜产量。

【发病症状】 斑点病主要为害植株中上部新长出的叶片，叶片上的病斑呈黄白色针尖或黄豆大小,圆形或椭圆形,病部中央容易破裂,发病严重的叶片,当病斑连在一起时,整张叶片呈黄白色枯死,叶片上的病菌又可以侵染未展开的新叶。

【发病原因】 斑点病菌在病株叶上越冬,成为第二年初的侵染源,病害发生早的姜田,姜苗在分枝前,叶片上就发现有少量病斑,姜苗分枝以后病斑逐渐增多,进入夏季以后,温度高,雨量多,病菌扩展迅速。姜田内一般长势弱的植株先发病,发病初期只有局部发病,然后病菌借着风雨在田间传播,特别是天下大雨、暴雨,病菌扩散很快,在短时期内整块姜田植株的叶片上发生大量病斑,发病姜田的病菌又向未发病姜田扩散。所以,一旦一块姜田发病,则整个田垌的所有姜田都受到侵染。

【发病规律】 病害发生的轻重与水肥条件有密切关系。一般地势低洼田,土壤经常保持湿润的姜田,夏秋季高温时期经常灌水的姜田发病轻。夏季能够对姜田遮荫或姜田里间种芋头的发病轻。山弄田、山弄地种植的姜,由于有山头形成自然遮荫,温度较低,光照时间缩短,发病轻。地势高的姜田,高温时期缺水的姜田,以及长期缺肥缺水、植株长势弱的姜田,发病重。肥料集中在前期,后期脱肥早衰的姜田发病重。发病早、发病重的植株出叶分枝受到抑制,比未发病的植株低15~25厘米,减少3~5个分枝,分枝苗的姜球细小。

【防治方法】 斑点病菌主要危害新长出的叶片,未展开的叶片也带有病斑,病斑上的病菌又侵染里面长出的新叶,所以发病的植株从发病叶开始,往上的所有叶片都带有病斑。发病期长,从苗期开始发现至10月中下旬为止。因此,斑点病用药物防治比较困难,生产上应以农业防治措施为主,兼用药物防治。

(1)收姜以后要集中烧毁姜叶,减少菌源。

(2)加强对姜田施肥,多施农家肥、花生麸等长效肥料。

(3)高温时期要求经常对姜田灌水,提高植株抗病能力。

(4)姜田间种芋头,夏季芋头叶片可以遮荫,起到降低田间温度、减少水分蒸发的作用。入秋后芋头成熟,其叶片焦枯,不影响姜植株的光合作用。

(5)在发病初期,用75%的百菌清可湿粉剂1:800倍液7~10天喷洒一次,用70%甲基硫菌灵可湿粉剂800倍液7~10天喷洒一次,连续防治3~4次。

6. 纹枯病

姜纹枯病在姜区内经常发生,主要危害叶鞘、叶片及茎秆,致叶片和茎秆枯死。

【发病症状】 叶鞘受害,在叶鞘上出现暗绿色水渍状小斑,逐步扩大成椭圆形,当病斑连在一起时呈云纹状,干燥时病部边缘呈褐色,中央呈灰白色。叶片上发病时,一般是整株发病,叶片上的病斑与叶鞘上的病斑基本相同。茎秆受害时,先在茎秆基部出现暗绿色小斑,扩大后绕茎秆一周,然后向上扩展5~7厘米高,由于菌丝不断向组织内侵入,茎秆基部组织变软,最后倒地枯死,枯死后的茎秆上病斑与叶鞘上的病斑相同。

【发病原因】 病菌主要以菌核在土壤中越冬,也能以菌丝、菌核在稻草和杂草中越冬,所以用水稻田、新旧荒地种植的姜都可发生纹枯病。姜田播种后覆盖稻草,为纹枯病发生创造了条件。一般稻草覆盖厚3~4厘米,雨水、露水使稻草下部经常湿润。早春阳光强烈,气温在32~34℃之间,姜畦上稻草湿度高,促进稻草上的纹枯病菌核萌发,菌丝从稻草直接侵入姜苗基部,致姜苗倒地枯死。菌丝能够在稻草上扩展,侵入另外植株,发病后,遇上时晴时雨的天气,姜畦上的稻草湿度大,病菌扩展迅速。姜田植株发病率高达15%~30%。纹枯病菌只危害姜苗地上部分,对地下部分不发生危害,当全苗茎秆倒地枯死后,主苗姜球又会发生新的分枝苗。

【发病规律】 姜田杂草多,通风性能差,透光面积少,湿度在90%以上时,菌核萌发后,先为害田间杂草,扩展为害植株的叶鞘、叶片,然后向四周围的植株扩展,所以湿度大的姜田,可出现整丛发病。夏秋季雨水均匀的年份发病重,低洼田、山中田、杂草多的姜田发病重。通风透光良好、植株生长旺盛的姜田发病轻,秋季干旱的年份发病轻。

【防治方法】

(1)由于姜畦覆盖稻草过厚引起发病的,发现病株后,要取走姜畦上的一部分稻草,让太阳光能够照射到畦面土壤,使覆盖的稻草保持干燥,控制纹枯病的菌丝扩展。

(2)要加强对姜田除草,保持姜田通风透光良好,从而降低田间湿度,控制病害蔓延。

(3)姜田发病初期,每亩用20%井冈霉素一包(25克)加水75千克喷雾。或用50%的多菌灵可湿粉剂75~100克,加水40~50千克喷雾,每7天喷一次,一共喷2~3次。

7. 姜叶枯病

此病在全国分散发生,传播慢,流行面不广,除少数地区外一般发病较轻。长江流域各地于7~8月发病,病情发展快,危害严重。

【发病症状】 主要为害叶和根茎。叶片发病,病斑多从叶尖向下发展,尤以沿叶缘扩展更为明显。病部初时淡褐色、透明、水渍状,后变为深褐色透明条斑,边缘清晰,病健界限分明。茎基部和根茎发病,病部水渍状黄褐色,逐渐失去光泽,姜从外部向内部软化,后腐烂仅剩下表皮。内部充满灰白色黏稠汁液,具明显硫化氢臭味。病茎、病根部初时水渍状,淡黄褐色,后颜色加深并腐烂,致使病部以上叶片黄枯,脱落。

【发病原因】 致病菌为姜球腔菌。

【发病规律】 病菌主要随病残体在土壤中越冬,病菌也可随种姜贮藏在窖内越冬。带菌种姜是田间重要初侵染源,并可随种姜的调运使用而远距离传播。在田间,病菌可借雨水、灌溉水及地下害虫传播,在地上可借风雨、农事操作、人为接触传播。病原菌从伤口或叶片上水孔侵入,沿维管束上下蔓延,引致根茎腐烂或植株枯死。

病菌喜高温高湿,土温28～30℃,土壤湿度高易发病。特别是降雨与病害发生密切相关,阴雨多发病重,尤其暴风雨后病害明显加重。

【防治方法】

(1)选择地势高燥、通风良好、土质肥沃地块种姜。低平地块应高垄或高畦栽培,并整修好排水系统。

(2)种姜要严格挑选,剔除病姜,最好种姜栽种前药剂浸种消毒,方法可随姜瘟病一并处理。

(3)重病田与粮食作物进行2～3年轮作。

(4)施足腐熟粪肥,增施磷、钾肥,特别是钾肥。科学灌水,严防病田的灌溉水流入无病田。雨后及时排除田间积水。

(5)发现病株及时拔除,集中深埋或烧毁。病植穴要用石灰消毒。

(6)彻底防治地下害虫。

(7)发病初期及时浇灌72%农用硫酸链霉素4000倍液,或70%敌克松可湿性粉剂600倍液,或30%绿得保悬浮剂400倍液,或77%可杀得可湿性微粒粉剂800倍液,或56%靠山水分散微颗粒剂800倍液,或12%绿乳铜乳油1000倍液。

8. 姜炭疽病

炭疽病的发生,先期由下部叶片发病,叶片干尖,后期叶尖呈红褐色,发病严重时,由下部叶片向上蔓延,致全田发病,影响生姜的产量和品质。

【发病症状】 姜炭疽病可危害叶片、叶鞘和茎。染病叶片多从叶尖或叶缘开始出现近圆形或不规则形湿润状褪绿病斑,可相互连接成不规则形大斑,严重时可使叶片干枯,潮湿时病斑上长出黑色略粗糙的小粒点,严重时可使叶片下垂,但仍保持绿色。

【发病原因】 此病的病原是辣椒刺盘孢,属于半知菌的真菌。病菌以菌丝体和分生孢子器随病残体遗落土中越冬。翌年越冬菌产生分生孢子侵染引起田间发病,发病后病部产生分生孢子借风雨传播进行再侵染,使病害迅速扩大蔓延,病情加重。高温多湿、连续降雨的气候条件有利于病害的发生和病情发展。此外,连作、种植地低洼、土壤贫瘠、肥料不足或氮肥过多,均有利于发病。

【发病规律】

(1)种植密度大,株、行间郁蔽,通风透光不良,发病重。氮肥施用太多,生长过嫩,抗性降低易发病。

(2)土壤黏重、偏酸;多年重茬,田间病残体多;肥力不足、耕作粗放、杂草丛生的田块,植株抗性降低,发病重。

(3)肥料未充分腐熟、有机肥带菌或肥料中混有本科作物病残体及昆虫,易发病。

(4)地势低洼积水、排水不良、土壤潮湿易发病;温暖、高湿、多雨、日照不足易发病;连续3天大雨后发病重;大雨或连阴雨后骤然放晴,气温迅速升高,发病重而快。

【防治方法】

(1)高畦深沟栽培。密度要适宜,避免栽植过密。

(2)施足腐熟粪肥,避免氮肥过多,增施磷、钾肥。定期喷施植宝素等生长促进剂,使植株壮而不旺,稳生稳长。

(3)科学灌水。做好清沟排渍,雨后排水,降低田间湿度。

(4)发病初期及时摘除病叶深埋或烧毁。收获后彻底清除病残体集中烧毁。

(5)发现病株立即喷布药剂防治,药剂可选用40%多硫悬浮剂500倍液,或者氧氯化铜悬浮剂800倍液,或50%苯菌灵可湿性粉剂1000倍液,或77%可杀得可湿性微粒粉剂800倍液,或25%炭特灵可湿性粉剂500倍液,或50%多丰农可湿性粉剂500倍液。

9. 姜疫病

姜疫病的发生有逐年加重的趋势。

【发病症状】 常常是植株茎部(包括苗茎基部)受害,先是暗绿色、水渍状病斑(有时呈条状),后变褐或变黑,病斑凹陷,甚至环绕茎一圈萎缩,引起病株一侧枝叶或病斑以上整株萎蔫,最后枯死(可较集中或成片发生);叶片上病斑近圆形、暗绿色,湿度大时叶片软腐。

【发病原因】 属真菌病害,病菌可经病株残体、种姜、未腐熟的农家肥等传带。

【发病规律】 雨水多、田间湿度大、连作等均有利于此病的发生、蔓延。整体上发生程度低于根腐病,但也可导致整株死亡。

【防治方法】 药剂防治(其他措施同根腐病)可选用64%杀毒矾粉剂500倍液,或58%雷多米尔锰锌500~600倍、69%安克锰锌800~1000倍、53.8%可杀得1000~1200倍、12%绿乳铜或20%龙克菌600~800倍、75%百菌清粉剂500倍液等,间隔7~10天,连治2~3次,并喷向整株茎(含基部)上及其地面。

10. 姜花叶病毒病

花叶病是姜的常见病害,为世界性病毒病害。

【发病症状】 主要为害叶片,叶面上出现淡黄色线状条斑,引起系统花叶。

【发病原因】 该病为病毒性病害。

【发病规律】 病毒在多年生宿根植物上越冬,翌年靠蚜虫进行传播。

【防治方法】

(1)因地制宜选育和换种抗病高产良种。

(2)及时防治蚜虫,减少传染机会。

(3)发病初期用下述药物之一,每10天1次,连喷2~3次:20%毒克星500倍液,5%菌毒清500倍液,20%病毒宁500倍液,0.5%抗毒剂1号水剂250倍液。

二、虫害的防治

1. 线虫病

姜线虫病俗称"姜癞皮病",是姜产区主要病害,姜植株根茎被线虫为害,虽然不引起腐烂,但由于植株的代谢功能受到影响,一般要减产10%~20%,受害严重的可达40%~50%,而且根茎表面不美观,市场价格低。

【形态特征】 根结线虫卵为肾形至椭圆形,淡褐色。2龄幼虫头钝,尾稍尖,蠕虫形,无色透明。雌虫鸭梨形,虫体白色,前体部突出如颈,后体部圆环形。雄虫细长蠕虫形,头部尖呈圆锥状,尾部钝圆,后体部常向腹面扭曲。

【受害症状】 植株的根和根茎表面,芽眼周围突起小米至黄豆大小的瘤状,有时几个"瘤"连在一起,由于根系和根茎受到危害,影响了养分输送,植株生长缓慢,茎秆较短,叶色淡黄,叶缘叶尖焦枯,分枝少,姜球瘦小。

【发病规律】 病原线虫主要是以卵在姜种、土壤、肥料中越冬,当早春气温适宜时,幼虫破卵而出,待姜播种后,幼虫可以从姜芽姜根侵入,成虫后,交配产卵又孵出幼虫继续为害,世代重叠,姜生长期中受多次再侵染,发病的植株又可以传染周围的植株。因此,姜田一旦被线虫为害,则大部分的植株根茎可发现有"瘤"。

一般姜种带"瘤"数量多,姜田发病就严重,带"瘤"数量少,姜田发病就轻。利用老菜地种植姜发病较严重。发病的姜田,靠近水沟的畦土较湿润,发病比其他姜畦严重。用前作为花生地、烤烟地种植的姜,根茎也发现有"瘤"。

【防治方法】 姜生长期长,线虫发生世代重叠,药物在土壤里残毒时间不长,而且用药物防治费用高,在生产上要以农业防治措施为主。

(1)选好姜种:在选种时,要注意观察根茎表面,芽眼周围,发现有"瘤"的不要留种,尽量使姜种不带虫卵。

(2)合理轮作:与玉米、棉花、小麦进行轮作3~4年;老菜地、花生地、烤烟地要种上水稻2年以上才能种姜,以减少土壤中线虫量。

(3)土壤处理:用硫酰氟处理土壤,每亩30千克,覆膜7天,晾晒7天,然后开沟种姜。

(4)清洁田园,施用有机肥:收获后,将植株病残体带出田外,集中晒干、烧毁或深埋;采取冬前深耕,减少下茬线虫数量。施用充分腐熟的有机肥做底肥,合理施肥,做到少施勤施,增施钾、钙肥,增强植株的抗逆性。

(5)化学防治:每亩地用3%米乐尔颗粒剂3~5千克或10%克线磷颗粒剂1.5千克或5%涕灭威颗粒剂3千克掺细土30千克撒施于种植沟内,用抓钩搂一下,与土壤掺匀,然后下种。

(6)生物防治:每亩用1.8%阿维菌素乳油450~500毫升拌20~25千克细沙土,均匀撒施种植沟内,防治效果可达90%以上,持效期60天左右。

2. 小地老虎

小地老虎又称"土蚕",属鳞翅目,夜蛾科。该虫分布广,危害大,是姜苗期主要害虫之一。

【形态特征】

(1)成虫:体长 16～25 毫米,翅展 40～45 毫米。前翅黑褐色,中部有一条圆形的环状纹和一个肾状纹,肾状纹外方,有一个三角形的楔状纹,3 斑相对;后翅灰白色,翅脉及边缘黑褐色,缘毛灰白色。

(2)卵:半球形,表面有许多纵横的隆起线,初产时乳白色,后变为黄褐色。

(3)幼虫:末龄体长 35～48 毫米,暗褐色,表皮粗糙,密生大小不同的颗粒,腹部第 1 节至第 8 节背面,每节有 4 个毛瘤,前两个显著小于后两个,身体末端有比较坚硬的壁板,为黄褐色,上有黑褐色纵带 2 条。

(4)蛹:纺锤形,红褐色,腹部末端有 1 对毛刺。

【受害症状】 小地老虎主要在苗期为害,幼虫孵出后 3 龄前,白天藏在畦面杂草或土表、土缝中,夜晚出来活动。姜苗破土叶片没有展开之前,爬上茎秆咬吃其幼嫩部分,3 龄以后,咬吃姜苗茎秆,有的茎秆被咬成几段,有的将地上茎秆咬断后,沿着基部向下为害至姜球,造成缺苗。

【发病规律】 一般杂草较多的姜田为害比较严重,水稻田比旱地为害严重。每年发生 4～5 代(高寒地区 2～3 代),以蛹或老熟幼虫在南方越冬,各地均以第一代幼虫危害为主。翌年 2 月下旬至 3 月上旬为越冬代成虫羽化阶段,成虫羽化后由南向北迁移。3 月中旬至 4 月上旬为越冬代成虫迁移盛期,成虫迁移过程中需要取食花蜜补充营养,交配后第二天即可产卵,单雌平均产卵量 800～1000 粒。卵产在旋花科、藜科杂草的叶背面。卵孵化后第一代幼虫先在杂草上取食,然后转移到大姜幼苗的心叶处取食叶肉,形成针孔状或缺刻。高龄幼虫可咬断幼苗茎基部,造成缺苗断垄。5 月上旬至 5 月中旬为第一代幼虫危害时期,5 月中旬后开始化蛹,5月下旬至6月上旬为第一代成虫羽化阶段。最后一代成虫一般在10月中旬发生。成虫昼伏夜出,在土块及杂草间潜藏,具较强的趋光和趋化性。幼虫共6龄,1~3龄昼伏夜出,取食杂草或姜叶片或嫩梢,4龄后潜入土中,夜间活动,咬食姜幼芽或将幼苗拖入土中;5~6龄为暴食阶段,此时的危害量约占总量的95%。

【防治方法】

(1)人工捕捉:每天早晨顺姜苗危害处翻土追捉,消灭幼虫。

(2)除草灭卵:清除田埂、路边及姜田周围杂草,以破坏小地老虎产卵场所,消灭虫卵及幼虫。

(3)诱杀防治:按糖6份、醋3份、白酒1份、水10份、90%敌百虫1份调匀,撒于田间,可诱杀成虫。将炒香的批谷、麦麸或豆饼5千克,配以90%敌百虫200克,加适量水拌潮,每亩用1.5~2.5千克可诱杀幼虫。

(4)药剂防治:用80%敌敌畏乳油800倍喷雾1~2次,或用15%阿维辛硫磷70~100毫升/亩喷雾。

3. 菜蛾

菜蛾又叫小菜蛾,俗名小青虫、扭腰虫、吊死鬼等,主要危害姜苗叶片。

【形态特征】

(1)成虫:为灰褐色小蛾,体长6~7毫米,翅展12~15毫米。前后翅均细长,具有较长的缘毛。前翅前半部浅褐色,后半部从翅基到外缘有一条三度曲折的黄白色波纹。静止时两翅叠成屋脊状,黄白色部分合并成三角连串的斜方块。

(2)卵:为椭圆形,长约0.5毫米,宽0.3毫米。初产时乳白色,后变黄绿色。

(3)老熟幼虫:纺锤形,黄绿色,体节明显,体长约10毫米左右。身体上被有稀疏的长而黑的刚毛。头部淡褐色,前胸背板上有由淡褐色小点组成的 2 个"U"形纹。臂足向后伸长超过腹部末端。

(4)蛹:长 5~8 毫米,初期为淡绿色,后变为灰褐色。肛门周缘有钩刺 3 对,腹末有小钩 4 对。茧为纺锤形,灰白色,多附在叶片上。

【受害症状】 菜蛾主要危害姜苗叶片。以苗期危害最严重,刚孵出的幼虫,成群钻入新叶中,几条到数十条不等,新叶受害后呈薄膜状,受害严重的姜苗连续几片叶变成白色薄膜状,随着虫龄增加,新叶被咬吃成大小不一、形状不规则的破洞,甚至新叶被咬断,严重影响姜苗生长。

【发病规律】 菜蛾幼虫在春末夏初气温在 27~30℃时为害严重。当气温高于 35℃以上,阳光强烈时为害速渐减少。

【防治方法】

(1)农业防治:避免十字花科蔬菜周年连作,秋季栽培时选择离虫源远的田块,收获后及时清除残株落叶,进行翻耕,可消灭大量虫口。

(2)黑光灯诱杀成虫:在成虫发生期,每亩放置黑光灯 1 盏,灯下放 1 个大水盆,每天早晨捞去盆中的成虫集中杀死。

(3)性诱剂诱杀:可用当天羽化的雌蛾活体或粗提物诱杀雄蛾。

(4)生物防治:可用细菌农药,如杀螟杆菌、青虫菌、140、7216等每克含 100 亿活孢子的苏云金杆菌制剂 500~1000 倍液喷施。保护天敌,或人工饲养后释放出来控制菜蛾。

(5)药剂防治:可用灭幼脲 1 号或 3 号制剂 500~800 倍液、5%的抑太保 3000 倍液、5%的卡死克 2000 倍液、5%的锐劲特3000 倍液、24%的万灵水剂 1000 倍液等喷雾防治。

4. 斜纹夜蛾

斜纹夜蛾又叫斜纹夜盗、莲纹夜蛾，属鳞翅目，夜蛾科。

【形态特征】

(1)成虫：体长14~16毫米，翅展35~40毫米，体暗褐色，胸部背面有白色丛毛。前翅灰褐色，表面多斑纹，内横线及外横线白色，呈波浪状，中间有明显的白色阔带状斜纹，环状纹不明显，肾状纹前半部呈白色，后半部呈黑褐色亚外缘线灰白色，外缘各脉间有小黑点。后翅白色，仅翅脉及外缘暗褐色。腹部末端有茶褐色毛丛。

(2)卵：扁半球形，直径0.5毫米，表面有网纹。初产时黄白色，近孵化时紫黑色。卵块形状不一，上面覆有一层黄褐色绒毛。

(3)老熟幼虫：体长40~51毫米，头部黑褐色，腹部颜色多变，浅的呈土黄色，深的则呈黑绿色，都散有小黑点。背线、亚背线及气门下线均为灰黄色及橙黄色。各体节在亚背线内侧有近似半月形或三角形的黑斑一对。气门黑色，胸足黑色。

(4)蛹：长约15~20毫米，初为脂红色而稍带青色，以后渐变赭红色，尾部末端有一对短刺。

【受害症状】 斜纹夜蛾为杂食性害虫，主要危害姜苗叶片，幼虫对阳光敏感，白天躲在姜苗新叶、畦面杂草下、土缝中，夜晚出来为害，受害的姜苗叶片呈不规则破洞。

【发病规律】 杂草多，以及靠近烤烟田、花生地、菜地的姜田发生严重。

【防治方法】

(1)生物防治：保护天敌，可抑制虫害的发生。亦可用杀螟杆菌菌粉的300~500倍液喷雾。

(2)诱杀成虫：在成虫发生期利用糖醋液或黑光灯诱杀成虫。

(3)农业防治

①秋翻地:秋季深翻地,可杀死一部分越冬蛹,也可使一些越冬蛹翻到地面冻死或被鸟类吃掉。

②人工捕杀:结合田间作业人工摘除带有卵块及带有低龄群集幼虫的"窗纱状"被害叶,消灭卵和幼虫。

(4)化学防治:亩用80%的敌敌畏乳油40克或用20%杀灭菊酯乳油15克加水60千克喷雾。

5. 姜螟虫

姜螟又叫钻心虫,不仅危害姜,还危害玉米、高粱、甘蔗等作物,为杂食性害虫,从生姜出苗至收获前均能造成危害,一般年份该虫在生姜田的危害株率为2%~5%,如不注意防治可达到10%以上的危害率。

【形态特征】

(1)姜螟成虫:体长13~15厘米,体灰黄或灰褐色,前翅灰黄色,边缘有7个黑点,后翅白色,雄蛾略小,其卵淡黄色,长1.28厘米,粗0.78厘米,扁平椭圆状。

(2)卵块:成两排排列,产于叶片背面。

(3)幼虫:体长28厘米,初孵乳白色,老熟时淡黄色,背面有褐色突起。

(4)蛹:长12~16厘米,红褐色至暗褐色,腹末稍钝,腹部各节间有明显白色环线。

【受害症状】 成虫产卵在叶背面靠近叶鞘处,刚孵出的幼虫吐丝垂下,随风飘到周围的植株上,有的幼虫沿着叶片爬向邻近的植株,钻入叶鞘和新叶,第三天在新叶上出现白色斑点,新叶展开后呈圆形食孔,第5~6天从茎秆中上部咬洞钻入心内,造成枯心。

【发病规律】 姜螟发生世代重叠,为害期长,6月中旬至8月中旬是螟虫为害高峰期,8月中旬以后为害逐渐减少,10月中旬基本停止为害。钻心虫是姜的最大害虫,为害严重的姜田,姜球细小,呈不规则排列,品质差,减产可达40%～60%,防治时应注意。

【防治方法】

(1)要保护好主苗,第一代螟虫往往和菜蛾、斜纹夜蛾混合发生,要注意检查。

(2)在螟虫为害时期,要每3～5天检查一次,发现新叶有白色斑点用手掰开新叶发现有虫时要及时喷药,如果天连续下雨,可以在雨停间期喷药。

(3)药剂防治:用80%敌敌畏乳油800倍喷杀,或用90%敌百虫800倍,或用50%辛硫磷800倍液喷杀,或用15%阿维辛硫磷70～100毫升/亩喷雾,或用甲氨基阿维菌素苯甲酸盐22% 5～15毫升/亩喷雾。

6. 姜蓟马

蓟马是缨翅目昆虫的通称,其中植食性蓟马是危害姜的主要害虫。除危害姜外,还危害多种蔬菜(包括茄科、葫芦科、豆科等)、棉花、大豆、玉米、甘薯等10余种作物。

【形态特征】

(1)成虫:体长1.2～1.4毫米,淡褐色。触角7节。翅狭长,翅脉稀少,翅的周缘具长缨帽。

(2)卵:长0.29毫米,初期肾形,乳白色;后期卵圆形,黄白色,可见红色眼点。

(3)若虫:共4龄,各龄体长为0.3～0.6毫米、0.6～0.8毫米、1.2～1.4毫米及1.2～1.6毫米。

【受害症状】 成虫和若虫锉吸姜的心叶、嫩梢、嫩叶的汁液,被害嫩叶变硬缩小,植株生长缓慢,嫩芽和嫩叶卷缩,心叶不能正常张开,出现畸形。

【发病规律】 蓟马1年发生10多代,世代重叠。以成虫潜伏在土块土缝下、枯枝落叶间过冬,少数以若虫过冬。次年气温回升至12℃时到地面开始活动,为害出土后姜苗。

【防治方法】

(1)点片发生时用5%啶虫脒2000倍连续防治2~3次可收到很好的效果。

(2)蓝板诱杀:每亩地使用30厘米×40厘米蓝板20~25块,离作物上部高出15~25厘米排放。

(3)化学防治:5%施丹力乳油每亩60~120毫升,或2.5%吡虫啉可湿性粉剂每亩10克,或用3%啶虫脒可湿性粉剂(阿达克3号)每亩40克兑水喷雾。

7. 金针虫

金针虫是叩头虫的幼虫,多发生在沙壤土地区。

【形态特征】

(1)成虫:体长8~9毫米或14~18毫米,依种类而异。体黑或黑褐色,头部生有1对触角,胸部着生3对细长的足,前胸腹板具1个突起,可纳入中胸腹板的沟穴中。头部能上下活动似叩头状,故俗称"叩头虫"。

(2)幼虫:幼虫圆筒形,体表坚硬,蜡黄色或褐色,末端有两对附肢,体长13~20毫米。根据种类不同,幼虫期1~3年。胸部下侧有一个爪,受压时可伸入胸腔。当叩头虫仰卧,若突然敲击爪,叩头虫即会弹起,向后跳跃。

(3)蛹:在土中的土室内,蛹期大约3周。

【受害症状】 金针虫在姜块茎中打洞穿行破坏。

【发病规律】 在地下主要为害姜幼苗根茎部。有沟金针虫、细胸金针虫和褐纹金针虫三种,其幼虫统称金针虫,其中以沟金针虫分布范围最广。为害时,可咬断刚出土的幼苗,也可侵入已长大的幼苗根部取食,被害处不完全咬断,断口不整齐。沟金针虫在8~9月间化蛹,蛹期20天左右,9月羽化为成虫,即在土中越冬,次年3～4月出土活动。金针虫的活动与土壤温度、湿度、寄主植物的生育时期等有密切关系。

【防治方法】

(1)定植前土壤处理,可用48%地蛆灵乳油200毫升/亩,拌细土10千克撒在种植沟内,也可将农药与农家肥拌匀施入。

(2)施用毒土:用48%地蛆灵乳油每亩200～250克,50%辛硫磷乳油每亩200～250克,加水10倍,喷于25～30千克细土上拌匀成毒土,顺垄条施,随即浅锄;用5%甲基毒死蜱颗粒剂每亩2～3千克拌细土25～30千克成毒土,或用5%甲基毒死蜱颗粒剂、5%辛硫磷颗粒剂每亩2.5～3千克处理土壤。

8. 蝼蛄

蝼蛄营地下生活,咬食薯苗根部,对幼苗伤害极大,是重要地下害虫。

【形态特征】

(1)成虫:雌成虫体长45～50毫米,雄成虫体长39～50毫米,体黄褐至暗褐色,前胸背板中央有1块心脏形红色斑点。后足胫节背侧内缘有棘1个或消失。腹部近圆筒形,背面黑褐色,腹面黄褐色。

(2)卵椭圆形,初产时长1.6～1.8毫米,宽1.1～1.3毫米,孵化前长2.4～2.8毫米,宽1.5～1.7毫米。初产时黄白色,后变黄褐色,孵化前呈深灰色。

(3)若虫形似成虫,体较小,初孵时体乳白色,二龄以后变为黄褐色,五六龄后基本与成虫同色。

【受害症状】 蝼蛄在土层中打洞,破坏姜根系,使块茎受伤,在植株较密的田块危害相对较重。

【发病规律】 一般于夜间活动,但气温适宜时,白天也可活动。土壤相对湿度为22%～27%时,蝼蛄为害最重。土壤干旱时活动少,为害轻。成虫有趋光性。夏秋两季,当气温在18~22℃之间,风速小于1.5米/秒时,夜晚可用灯光诱到大量蝼蛄。蝼蛄能倒退疾走,在穴内尤其如此。成虫和若虫均善游泳,母虫有护卵哺幼习性。若虫至四龄期方可独立活动。蝼蛄的发生与环境有密切关系,常栖息于平原、轻盐碱地以及沿河、临海、近湖等低湿地带,特别是沙壤土和多腐殖质的地区。

【防治方法】

(1)农业防治

①根据蝼蛄的趋光性,可用灯光进行诱杀。此法必须大面积使用,方能收到较好的效果。小面积使用能将蝼蛄招来,反而加重危害。

②人工捕杀。掌握蝼蛄的产卵期,铲去表土层,找到洞口,顺洞口挖下去,发现成虫和卵则加以消灭。

(2)化学防治

①毒饵诱杀:可用50%辛硫磷乳油100毫升或90%晶体敌百虫50克,兑水1~1.5千克稀释,再与2.5~3千克炒香的豆饼或麦麸拌匀制成毒饵。每亩用毒饵2~3千克,傍晚时均匀撒在播种沟或播种穴里。

②毒谷诱杀:每亩用谷子0.5~0.8千克、90%晶体敌百虫50克,先将谷子煮成半熟,捞出晾至半干;敌百虫用少量水化开,再将谷子和药拌匀,晾至八成干,播种时撒入播种沟或播种穴里。

9. 异形眼罩蚊

异形眼罩蚊是生姜贮藏期的主要害虫,幼虫俗称姜蛆,也能危害田间种姜,对生姜的产量和品质都有影响。

【形态特征】 成虫为体长约3~5毫米的黑褐色小蚊子,前翅近透明,后翅退化为平衡棍。幼虫体细长(老熟幼虫体长近7毫米),头漆黑,体白色,无足。

【受害症状】 该虫具有趋湿性和隐蔽性,初孵幼虫即蛀入生姜皮下取食。在生姜"圆头"处取食者,则以丝网粘连虫粪,碎屑覆盖其上,幼虫藏在里面。幼虫性活泼,身体不停蠕动,头也摆动,以拉丝网。

【发病规律】 以幼虫在姜窖内繁殖危害。成虫善飞,白天喜在阴湿弱光环境下活动,幼虫喜湿并有腐食特性,但土壤过湿和过干不利于孵化和羽化。

【防治方法】 在生姜入窖前要彻底清扫姜窖,用80%敌敌畏1000倍液喷窖,也可以放姜时在姜堆中放置盛有敌敌畏原液的开口小瓶若干个,还可以放好姜后加热敌敌畏原液进行熏蒸。在田间要注意精选姜种,淘汰被害种姜。

三、草害的防治

姜田防治草害是促进姜苗快长丰收、减少病虫危害的关键措施之一。在防治上,主要分春、夏两个阶段。

1. 农业措施

杂草种类繁多,主要优势种类有茅草、狗尾草、狗牙根、刺儿菜、打花碗、梭草、驴秆草等多年生和一年生草害。防治时,要因地制宜,认准草害种类,适当选好对口药物,及时加强防治。

(1)人工除草:姜初生苗弱,枝条细小,荫蔽轻,种植必须规范,利于早中耕、勤中耕。

(2)地面覆草物防草:当年留的姜栽地,入冬前后,要及时深耕细耙、勤耕多耙。播后地面及时覆草10厘米,也是控制杂草发生的方法之一。

(3)早期施肥:在2月下旬,亩追施硫铵30~40千克,既能发挥肥效,又能控制病害和虫害。

2. 化控防草

(1)对多年生杂草较多的姜田,2月中旬到3月上旬用草甘磷1000~1200倍,早期低温时,逆风退喷,封闭地面表层。第二次用药5月下旬至6月上中旬,每亩用1.5%盖草能粉剂100克加水40~50千克喷施防治。

(2)对于一年长阔叶性杂草,第一次用二甲四氯0.5千克加水75~100千克细喷地面。不要重喷,以免药害发生。第二次亩用精禾草克100克加水40~50千克或姜草净进行防治。

第五章　姜的贮藏与加工

姜一年种一季,只有收后进行长期贮藏,才能实现全年供应。目前,姜的贮藏保鲜技术已十分完善,可贮存3~5年仍保持良好的品质。

第一节　姜的贮藏

姜喜温暖和湿润,既怕冷又怕热、怕干。生姜贮藏在5℃以下易受冷害,贮温高时又易发芽,相对湿度过低,姜块会失水萎缩,湿度高时易糜烂,增进发芽。通常贮藏温度应控制在11~15℃,相对湿度控制在75%~85%。所以,姜在贮藏过程中应特别留意温度和湿度的控制。

贮藏的姜应是充分生长后收获的根茎,不能在地里受霜冻。一般都随收随下窖贮藏,不能在田间过夜。最好不在晴天收获,以免日晒过度,雨天或雨后收获不耐贮藏。贮藏时要注意种姜和商品姜要分开单储。

由于我国南北气候条件不同,贮藏的方法也不相同,有堆藏法、泥沙埋藏法、窖藏法等多种方法,其目的是通过贮藏,为姜根茎提供良好的越冬环境,使之避免受到冻害,达到安全过冬。同时商品姜通过贮藏,可以避免因收姜期集中,市场价格下跌,经济效益低的现象。而每年的5、6月份新姜未上市之前,市场上姜源缺少,价格高,通过贮藏后在市场姜源缺少时出售,能卖到好价钱,从而提高经济效益。如1995年冬,市场姜价格为每千克4~6元,1996

年的5、6月份市场价格为每千克10～12元,比1995年冬价格提高了1倍,在普通的年份,贮藏后的姜比贮藏前的姜价格一般提高30%～70%。

1. 堆藏法

南方冬天天气较温暖,姜农普遍采用堆藏法贮藏姜种,其优点是贮藏方法简单,姜种发芽时可以观察姜芽生长情况,便于确定播种时间,且取姜种时姜芽不易受伤。其缺点是室内温度跟室外温度变化较大,保温性能差,姜种遇到冬季霜冻严重的年份,冷风吹入姜堆容易受到冻害。

堆藏操作方法:将挑选的姜种薄薄地摊开,晾晒1～2天,堆放在砖瓦房结构的厨房木板楼上,如果姜种数量较多,厨房木板楼上堆放不完,可以把姜种堆放在其他房间的木板楼上,不要把姜种堆放在地板上,因地板潮湿,堆放在地板上的姜种堆易发汗,病菌从伤口侵入引起腐烂。堆放姜种时,把姜种竖放、平放都可以,姜种堆成高40～60厘米,宽1～1.2米,长由姜种数量而定,姜种堆放过高、过宽,姜堆中心不通风透气,天气潮湿时姜种回潮。如果有水泥钢筋结构楼房,应把姜种堆放在楼房上,堆放姜种时,可以根据房间的大小,把姜种堆放在两边的墙角,中间留有40～50厘米宽的空隙作为人行道,以便于管理,姜种一般堆高以40～60厘米为宜。

刚堆放姜种时,要打开前后窗进行通风,排出姜种呼吸时放出的二氧化碳,促进伤口愈合,20天以后通风要逐渐减少。刮冷风时要关闭窗口,不要让冷风吹到姜堆。在霜冻期间,要用稻草、旧棉被覆盖在姜堆上,然后再用塑料薄膜覆盖在上面,霜冻过后,姜堆不再覆盖。如1999年冬的一场严重霜冻,武鸣县在霜冻期间进行覆盖姜种的农户,姜种腐烂很少,不覆盖姜种的农户,由于冷风吹到姜堆,姜种受到冻害,造成姜种有10%～25%的腐烂。姜种在贮藏期间一般不翻动,以免姜种受伤。早春,当气温回升后,利用水泥钢筋楼房贮藏的姜种,要注意室内通风,促进姜种发芽。姜种开始发芽时,用旧麻袋、编织袋覆盖在姜种上面,保持姜堆黑暗环境,使姜芽生长洁白粗壮。

近年来发现老鼠爱吃姜芽,一个姜球,先长出的姜芽是这个姜球中最粗壮的姜芽,被老鼠咬吃后,后长出的姜芽比前长出的姜芽细小,出苗迟,出苗细弱,因此在姜种贮藏期间要做好灭鼠工作。

采用堆藏法贮藏的姜,只适用于姜种贮藏,商品姜不宜采用。因为采用堆藏法贮藏商品姜,姜块失水严重,重量减轻,姜块表面受伤部位由于受到霉菌侵染,呈暗黑色,影响市场价格。

2. 厢框储藏法

在室内用砖块砌成厢框,高 1.5 米左右。砌好后,将严格挑选的姜种小心放入其中,上面用草帘或麻袋覆盖。一般要把室内温度控制在 18~20℃ 之间。当气温下降时,可增加覆盖物保温;如果气温过高,可减少覆盖物以散热降温。厢框储藏法也只适用于姜种的储藏,商品姜也不宜采用。

3. 泥沙埋藏法

泥沙埋藏法可适用于姜种贮藏和商品姜贮藏,其优点是姜堆内的温度跟外界温度变化较小,保温性能良好,姜块不易失水。其缺点是用泥沙埋藏的姜种,发芽后取姜种时姜芽容易受伤。用泥沙埋藏的商品姜,发芽后姜堆温度升高,如果不及时上市会造成烂姜,同时取姜时姜球容易断碎。用泥沙埋藏的姜,可以在室内埋藏,也可以在室外埋藏。

(1)室内埋藏:可用空闲的房间进行埋藏,埋藏前要先准备好泥沙,埋藏姜种用的泥沙,不能在姜瘟发病田、发病地里取土(姜瘟发病田、发病地的土壤带有姜瘟病原细菌,埋藏后附在姜种表面的土壤带有病菌,第二年姜田会发生姜瘟病)。因此要选用未种过姜的新土,或河里的细砂来埋藏。埋藏商品姜用的泥沙,要调好泥沙的水分,使泥沙含水量为75%～80%,泥沙过干,埋藏期间姜块容易失水,重量减轻,表面失去光泽。过湿则影响操作。

埋藏前要根据姜块表面的颜色来选择埋藏用土的颜色,如果姜块表面颜色为淡黄色,就应选用黄色的土壤来埋藏,使埋藏后姜块表面的颜色与埋藏前的颜色相同,因为表面颜色为淡黄色的姜块,在市场上很有竞争力。

埋藏前要清理出运输中受伤严重的姜块,立枯病发病田的姜块不要贮藏,被丝核菌根腐烂病菌侵害的姜块也不要贮藏。收回来的姜块要及时贮藏,如果让其与空气接触时间过长,病菌就容易从伤口侵入,引起姜块在贮藏期间腐烂。

埋藏方法是先在地上铺一层5厘米厚的泥沙,然后将姜块竖放密排在上面,姜块竖放埋藏后取姜块时姜球不易断碎。排放姜块时,要求姜块与墙面距离5厘米,姜块与墙面之间的空隙用泥沙填入,这样就可以避免因墙面干燥引起靠近墙面的姜块失水。利用泥沙埋藏的姜块,每排放2～3层姜用40%五氯硝基苯粉剂配成1∶600倍药液淋施姜种,使姜块全都湿透,然后盖一层泥沙(埋藏时带有丝核菌根茎腐烂病菌丝体的姜块,经淋施药液后,菌丝体死亡,能较好地控制菌丝体在姜堆内蔓延)。商品姜由于埋藏时间比较短,不宜淋施药液,以免受到污染。利用泥沙埋藏的姜每2～3层姜盖一层泥沙,最后一层泥沙厚5～7厘米。一般姜堆高1～1.2米为宜,长由姜块数量而定。

在埋藏期间,不要随便翻动姜块。用泥沙埋藏的商品姜,发现表层的泥沙干燥时,可以通过洒水的方法来调节泥沙湿度,保持泥沙湿润。早春气温稳定在16℃以上时,埋藏的姜块开始发芽,姜芽在生长发育过程中,由于呼吸作用,放出的热量在姜堆中不易散出,姜堆温度迅速升高,如时间长,高温会烧伤姜芽,引起姜芽腐烂,细菌沿着腐烂的姜芽侵入姜块,致使姜块腐烂。因此采用泥沙埋藏的商品姜,当姜芽长出后就应及时上市出售,如果继续堆放,将会引起整堆姜块腐烂。商品姜埋藏时,如果场地较宽,姜块数量较少,应尽量降低姜堆的高度,让姜块呼吸作用放出的热量容易从姜堆中散出,从而延长埋藏时间。利用泥沙埋藏的姜种,当早春气温回升时,就可以从姜堆取出,堆放在木板楼上,让其自然发芽,也可以放入烤房内进行催芽,这样就可避免姜种发芽后再从姜堆取出,姜芽容易受伤的问题,同时要防止老鼠进入姜堆内咬吃姜芽。

(2)室外埋藏法:室外埋藏方法与室内埋藏方法基本相同,具有取泥沙方便的优点,但保温性能比室内埋藏差,姜堆内的温度跟室外的温度变化大。在室外埋藏,可以选用房前屋后的空闲地、菜地埋藏,也可以选用果园空隙地埋藏。在室外埋藏可分为地上埋藏和挖坑埋藏两种方法。

①地上埋藏法:当选好埋藏地点后,先把地整平,然后在地上铺一层5~8厘米厚的泥沙,把姜块竖放密排在上面,每2~3层姜盖一层泥沙,最后一层泥沙盖厚8~10厘米。一般姜堆高0.8~1米,宽1.2~1.5米,如果场地较宽,可以把姜堆成高20~25厘米、宽1~1.2米。姜堆长依姜块数量而定。姜堆成馒头形,姜堆外围要用泥沙盖厚,不让姜块外露。姜堆的四周围要开好排水沟,下冻雨时要用塑料薄膜覆盖在姜堆上面,不要让雨水流入姜堆内。早春温度回升后,用稻草或农作物茎秆覆盖在姜堆上面和四周围,不让太阳光照射到姜堆表面土壤,引起姜堆内温度升高,使姜堆内姜块提早发芽,缩短贮藏时间。地上埋藏法只适于南方较温暖的地区。

②挖坑埋藏法:挖坑埋藏法是姜农传统使用的一种埋姜方法,具有保温保湿性能良好的优点,但埋藏后取姜不方便。可选择地势较高的地方挖坑,坑深1.2~1.5米、宽1.5米,长由要埋藏的姜块数量而定,埋藏方法与地上埋藏方法相同,在坑的四周围要开好

排水沟,下雨时用塑料薄膜覆盖在坑的上面,防止雨水流入坑内引起坑内积水造成姜块腐烂。在北方要在埋藏坑的北面设风障防寒。

在贮藏管理过程中,既要防热又要防寒。入坑初期,根茎呼吸旺盛,温度容易升高,不能一下子将坑口全部封闭。在最初的1个月内,是姜愈伤老化的过程,要求保持高坑温,以20℃以上温度为好。以后保持在15℃左右即可。冬季坑口必须严实,严防坑温过低,出现冷害。同时应防止坑内积水。

4. 果园空隙地埋藏法

利用坡度低的果园空隙地埋藏姜块,是近年来采用的一种新的埋藏方法。这种埋藏方法的优点是姜块发芽后,由于热量容易从姜堆散出,使姜堆内温度不高,姜苗长出后姜块不易腐烂。果园空隙地不受春种其他作物的影响,可以延长埋藏时间。但保温性能差,供冬天比较温暖的地方使用,冬天比较寒冷的地方则不宜采用。

埋藏方法是在果园果树中间挖坑,深15~20厘米、宽0.8~1米,长由姜种数量而定。在坑内竖放密排2层姜,盖上厚4~6厘米土,在坑的四周围开好排水沟。采用这种双层姜埋藏的姜块,发芽后姜芽可以穿透土层长成姜苗,当姜苗长出后,如果天气干旱,要向姜堆内淋水,保持姜堆内土壤湿润,发现姜堆内长出的姜苗过密,可以进行间苗。采用这种方法埋藏的姜块,如果管理得好,贮藏期可延长到第二年的6~7月份,甚至更长时间姜块不腐烂。

利用泥沙埋藏的姜块都有一个共同特点,姜块发芽后姜堆温度升高。姜堆得越高,堆内温度就越高,如果场地许可,可把姜堆堆得矮一点。另外,姜块发芽后,姜根也同时长出,长出的姜根互相纠缠在一起,取姜时姜块容易断碎,所以要求姜块刚发芽时就应该上市。

5. 直井窖贮藏法

直井窖贮藏姜块，具有保温、保湿性能较强的优点，各地都可以使用。

选择地势较高、地下水位较低、土壤紧实度良好的地方打井，井口长1.2米、宽0.8米、深3～5米，挖井时，要把井内的土壤堆离井口2～3米，以便开沟排水。在井的内侧两边挖有小坑，便于脚踏上下井。井底和井口一样宽，在井的前后各挖一个贮姜洞，贮藏洞口高1.6米，宽0.8米，洞顶可以挖成拱形，挖贮姜洞时，在距离洞口1米处，把贮姜洞加宽，可以根据土壤的紧实度情况，把贮姜洞挖成宽1.3～1.5米，高度不变，长由要贮藏的姜块数量而定，直井窖要在收姜前挖好，做到边收姜块边贮藏，贮藏时要把带病姜块和受伤严重的姜块整理出来。

在贮姜洞内，姜块竖放、平放均可，排放的姜块距洞顶40厘米为宜，由于收姜、运输、贮藏过程中姜块受伤，呼吸增强，姜块在呼吸过程中排放出大量的二氧化碳，因此贮藏姜块完毕后，不要立刻封住贮藏姜洞口，要让二氧化碳由洞口排出，一般要过15～20天后才能封住贮姜洞口，如果封得过早，二氧化碳在井下积累过多，对姜块贮藏不利，封得过晚，天气寒冷，窖内温度会随着外界温度下降，姜块容易受冻。封住贮姜洞口时，可以用砖砌封，在洞底和洞顶上面各留规格为14厘米×14厘米的洞口，有利于通风换气，贮姜洞口封好后，直井窖口要先用木板盖住，然后用土埋好，在直井窖口周围要开好排水沟，防止雨水流入窖内。

利用直井窖贮藏的姜种，早春气温回升至16℃以上时，要从窖内取出姜种，因为地表的温度比窖内的温度高，有利于姜种发芽；利用直井窖贮藏的商品姜，温度回升后，要打开直井窖口和贮藏姜洞口，让窖内空气流通，如贮藏的姜块数量较多，姜块发芽后窖内的温度呈直线上升，超过35℃时，应及时上市出售，减少姜块腐烂，如窖内贮藏的姜块数量较少，窖内温度不高，可以根据市场需求，有计划地上市出售。

6. 防空洞贮藏法

利用防空洞沙土层积法贮藏姜块，如果管理得当，可贮藏生姜1~2年。具体方法是，在洞内按一层沙1~2层姜将姜块码放成1米宽、1米高的长方形垛，每垛堆放生姜1250~2500千克。垛中间立入一个用细竹竿或秸秆捆成的直径约10厘米的通风束，并放上温度计，以测量垛温。垛的四周再用湿沙密封，封完垛后，掩好洞口或洞门，在洞顶留气孔，以便通气散热。

采用这种方法贮藏，进入愈伤期1周后，温度逐步上升到25~30℃；经6~7周后，垛内温度逐渐下降至15℃，说明姜已完成后熟，姜块变黄，并有香气和辛辣味出现。此时不怕风，可将门窗打开，天冷时再关上。立春后，如相对湿度不足90%~95%，可在垛顶表面洒些水。如有发芽现象，说明温度过高，可采用通风调节；如姜垛下陷，并有异味，则应检查有无腐烂。

7. 烤烟房贮藏法

南方种植烤烟的农户，可以利用冬天烤烟房空闲来贮藏姜种。其优点是烤烟房密封条件好，保温性能较强，当气温下降至2℃以下时可以烧火保温，早春气温回升时又可以烧火催芽。其缺点是烤烟房内容积较小，贮藏姜种数量有限。

贮藏前，要把将贮藏的姜种晒1~2天，当发现烤房内潮湿时，要烧火把烤房内烤干，如果烤房内潮湿，贮藏的姜块易发汗，病菌容易从姜块的伤口侵入引起姜块腐烂。贮藏时，如发现支撑烟秆的木棒比较细，为防止贮藏姜块后木棒被压断，可用木头从地面将支撑烟秆木棒的中间顶住，然后用木板铺在支撑烟秆的木棒上面，把姜种排放在木板上。排放姜种时可将姜种沿着两边墙面排放。

中间留有 50～60 厘米空隙作人行道以便于管理,姜块堆高 1～1.2 米为宜,堆得过高,姜堆中心容易发汗。

贮藏完毕后,进气口、排气口以及烤房门口不关闭,用钢网网住,不让老鼠入内扰乱。在贮藏期间,当气温下降至 8℃ 以下时,要关闭进气口、排气口和烤房门,不让冷风吹入,预防姜块受到冻害,当气温下降至 2℃ 以下时,用旧棉被、稻草覆盖在姜块上面,同时要烧火保温,让烤房内温度保持 8～10℃ 之间,烤房内温度不能高于 15℃,高于 15℃ 以上时姜种容易发芽,当温度高于 10℃ 以上时,要拿走姜堆上面的覆盖物,并打开进气口、排气口和烤房门,保持良好的通风状况。早春气温回升后,距离播种前 20 天左右,可以烧火催芽。

8. 贮藏库贮藏法

贮藏库在入贮前 10 天全面清扫,用硫磺薰蒸法进行杀菌消毒,一般库容用硫磺 10～20 克/立方米,用锯末(作助燃剂)与硫磺按 1∶1 的比例混合均匀,点燃后立即吹灭明火使其发烟,库房密闭 24～48 小时后打开库门通风换气,也可采用库房专用杀菌剂消毒杀菌。

库房应在入贮前 5～7 天开机降温,使库温维持在 10℃ 左右。采收的姜块经过挑选后入库,放在提前制作好的铁架上预冷 24～48 小时后,装入厚度为 0.02～0.03 毫米无毒聚氯乙烯(PVC)保鲜袋内,每袋容量不宜过大,一般在 10～15 千克。装袋时需轻拿轻放,以免擦伤姜表皮,造成机械伤害,影响外观。装袋后整齐地摆放在架上,将袋口轻挽,以防水分蒸发。库温控制在 12～13℃ 之间,一般可贮藏 3 个月左右,鲜姜表皮颜色基本不变。若继续长期贮藏,鲜姜表皮会由黄色逐渐变成浅褐色而降低外观质量。控制库温不低于 11℃,否则易发生冻害。

第二节 包装运输

一、姜等级规格

一等品

(1)形态完整,具有该品种固有的特征,肥大丰满,充实。整块单重200克,200克以下的不超过10%。

(2)同一品种形态、色泽一致,表面光滑,清洁干燥。

(3)气味正常。

(4)无腐烂霉变、焦皮皱缩、冻伤、日灼伤、机械伤等症状。

(5)无杂质。

二等品

(1)形态基本完整,具有该品种固有的特征,丰满充实。整块单重100克以上,低于100克的不超过10%。

(2)同一品种形状色泽基本一致,表面基本光滑,清洁干燥。

(3)气味正常。

(4)无腐烂霉变、冻伤、日灼伤,允许轻微皱缩、机械伤、少许杂质。

三等品

(1)形态色泽尚正常丰满,整块单重100克以下。

(2)具有相似品种特性,特征允许少量异色品种,表面尚清洁干燥。

(3)气味正常。

(4)腐烂霉变、冻伤、机械伤,允许轻微皱缩、少许杂质。

注:

①气味正常:具有生姜固有的正常辛辣味。

②焦皮皱缩:因受冻伤或不成熟,失水致使表皮组织变色

萎缩。

③相似品种特征：具有相似形态、色泽的不同品种可以相混，但由于形态、色泽、内在品质差别较大的品种不得相混。

④腐烂霉变：因姜瘟病或其他原因致使整块姜或局部发生腐烂。

⑤日灼伤：收获后的姜由于阳光暴晒、高温致使姜变色变软，并伴有异臭味。

⑥机械伤：整或部分切块，因刀伤、挤压、擦、碰等外力造成的伤害。

⑦杂质：生姜表面附着的泥沙或产品中混入的其他异物。

二、包　装

(1)包装物上应标明产品标志、产品名称、产品的标准编号、生产者名称、产地、规格、净含量和包装日期等。

(2)包装（箱、筐）要求大小一致、牢固，包装容器应保持干燥、清洁、无污染。塑料箱应符合相关标准的要求。

(3)应按同一品种、同一规格分别包装。每批产品包装规格、单位、质量应一致。每件包装的净含量不得超过20千克，误差不超过2%。

三、运　输

运输时做到轻装、轻卸，严防机械损伤，运输工具要清洁、无污染，运输中要注意防冻、防晒、防雨淋，注意通风换气。

第三节　姜的加工

姜不仅可用来鲜食，而且可以用作加工的原料。姜加工可以提高姜的经济价值，延长姜的保存和供应时间，同时可以改进姜的品质并增加风味。

一、干姜片的加工

1. 工艺流程

浸泡→去皮→切片→晾晒、烘干→包装→成品。

2. 制作过程

(1)浸泡：鲜姜收获后，将根茎洗净，除去须根后浸入清水中过夜。

(2)去皮：用刀将深色的附着的皮层剥去，再用水洗涤，然后切片。

(3)切片：姜片的厚度要适当，一般以4毫米左右厚为佳，即二刀三开，要侧着切，因侧切的姜片大，又易切。

(4)晾晒、烘干：切片后干燥，如果天气晴，一般放在阳光下堆晒5～6天即可；如果下雨或遇连续阴天，则要火焙。方法是在室内建一个宽8尺、长6尺的火焙炕，炕的大小视生姜的多少而定。炕底呈斜坡，靠近灶的一方要稍低，另一方稍高，以利普遍升温。煤灶建在火炕宽边的外侧，灶与炕以一洞相连，炕上放篾席，姜片均匀铺在篾席上，篾席离炕底的高度一般是0.4～0.5米。生火升温，即可烘干。一般100千克鲜姜可晒得13千克姜片。

(5)包装：姜片装入食用塑料袋密封，可保存2年。

二、白糖姜片的加工

1. 工艺流程

选料→洗净、刮皮→切片→烫漂→切片→糖渍→糖煮→拌糖→包装→成品。

2. 制作过程

(1)选料:选择肉质肥大,无疤痕,纤维尚未硬化而又具有辛辣味的嫩姜为原料。

(2)洗净、刮皮:用清水冲洗晾干后,去除姜芽及不宜加工部分,用手工或机械刮皮。

(3)切片:刮好的姜用清水漂洗,切成0.5厘米厚的薄片,用清水洗净。

(4)烫漂:把切好的姜片放沸水中煮至半熟(呈透明状)时取出,放入冷水中冷却。冷却后在清水中浸泡6小时。

(5)糖渍:捞出姜片沥干水分后装缸,每100千克加白糖35千克,分层糖渍48小时,用糖量上重下轻。

(6)糖煮:将姜片与糖液一起倒入锅中煮,煮沸浓缩糖浆可拉成丝为止。其间要进行3次加糖,每次加糖10千克,以利姜片糖液渗透均匀,这时糖液浓度可达80%以上。

(7)拌糖:捞出姜片后沥出糖浆晾干,再放入容器内拌白糖10千克左右。

(8)包装:筛去多余的糖,姜片上便附有一层白色糖衣,即为白糖姜片,用塑料袋包装密封贮存在干燥处,可贮存1年。

三、姜粉的加工

1. 工艺流程

清洗→切片→晒干→研磨→过筛→包装→成品。

2. 制作过程

(1)清洗:将姜清洗干净,不要去皮。

(2)切片:切成0.1~0.2厘米薄厚均匀的姜片。

(3)晒干：姜片要均匀地铺放在相对透气的盖垫上或筛子、筐子里，放置通风处风干。其间要经常翻动。

(4)研磨：用粉碎机研磨成粉状。

(5)过筛：用网眼细一点的筛子筛一下，剩下的渣再次放入粉碎机中研磨过筛。

(6)包装：将姜粉装入食用塑料袋密封。为使姜粉长期贮存，研磨时加入15%～18%的食盐。

四、腌姜的加工

1. 工艺流程

选料→腌制→封缸→成品。

2. 制作过程

(1)选料：挑选块大整齐、没有破伤的鲜姜。

(2)腌制：洗净刮皮后，放入缸里腌制。每100千克鲜姜加25千克盐，腌制时放一层鲜姜撒一层盐，并用手掸一点凉开水或者咸汤进去。腌制后每天倒缸一次，倒缸时要扬汤散热，促使盐粒溶化。

(3)封缸：腌渍半个月后，即可封缸贮存。如果把姜加工成丝或片，在腌渍半个月后，把姜取出切成丝或片再封缸贮存。

(4)产品特点：咸姜成品具有鲜黄、脆嫩、清香等特点。

五、酱生姜的加工

1. 工艺流程

选料→水洗→脱皮→盐腌→切片→酱制→装袋→成品。

2. 制作过程

(1)选料:选择质地脆嫩、皮色细白的鲜姜作原料,以寒露前收获的姜为佳。

(2)盐腌:将洗净的姜放入桶内,加水后用棍子搅拌,脱去姜皮。然后沥水,入缸盐腌。每千克生姜加盐 100 克,放一层姜加一层盐。约腌 15 天左右,中间翻动 2~3 次。

(3)酱制:把腌姜用刀切成薄片,用清水洗净沥干,然后加料,每 5 千克姜片约加糖精 1 克,苯钾酸钠防腐剂 0.5 克,味精 2 克,优质酱油适量,拌均匀后装入布袋内,把姜袋下入到稀甜酱中,每周翻动 1 次。夏季 30 天,秋季 45 天,冬季 60 天左右即可食用。

(4)产品特点:片薄脆嫩,鲜甜咸辣,香味浓郁,为佐餐佳品。

六、五味姜的加工

1. 工艺流程

脱皮→腌渍→浸泡→晾晒→包装。

2. 制作过程

(1)脱皮:选用嫩姜,用清水淘洗后放入桶中,加入半桶水,用棍用力搅拌,使姜皮脱落。

(2)腌渍:把姜取出,沥干,倒入缸中腌渍。每 50 千克姜加盐 5 千克,放一层姜撒一层盐,共腌制 15 天,中间翻动 2~3 次。

(3)浸泡:将腌过的姜取出,晾晒几小时,用木棒捶打姜使其组织变松软。取 25 千克腌姜放入木桶,另将糖精 0.1 千克和胭脂红(万分之一的浓度比例)用开水溶解于同一容器中,柠檬酸 0.1 千克溶解于另一容器中,然后将 2 种拌料一同放进姜桶中,反复翻动,拌匀,浸泡 3 天。其间要上下翻动 2~3 次。

(4)晾晒：取出姜晾晒，经常翻动，使之干湿均匀，色泽一致。

(5)包装：用食用塑料袋密封包装。要求产品外观黄或红色。片状，口感爽脆，有辣、甘、咸、甜、酸5种风味，谓之五味姜。

七、糖醋姜的加工

1. 工艺流程

选料→去皮→加盐腌制→转池复腌→捞起切片→漂水→压水→醋渍→糖渍→成品。

2. 制作过程

(1)选料：选择幼嫩、无虫眼、无伤疤的鲜姜，洗净、晒干后，切成块。

(2)去皮：人工刮皮时不能用金属刀，以免姜中的单宁发生化学反应变黑变味；也不能用力过度将姜肉刮下，否则烤出的姜块纤维外露，质量下降。也可先用擦皮机去皮，再人工修整，刮皮后先放入水中防止褐变。

(3)腌制：待全部姜去皮后，便可沥去水分落池用盐腌制，按姜肉量的20％加盐，均匀撒放，分层叠平，并加封面盐，最后用竹算盖上，按姜重20％比例压石，腌渍1～2天，称为初步脱水。以后捞起沥水，转入另一池中或放掉原池腌液，再次用15％盐复腌，同样盖上竹算压上姜重35％的重石，腌制60天便成姜坯。在腌坯过程中，若发现腌液浓度低于22波美度，则要加盐调整，同时盐水要漫过姜面。

(4)切片：先捞起姜块切成2厘米左右大小、0.2厘米厚的片状。

(5)漂水：再行漂水除去咸味，约浸17～18小时，中间换水一次，捞起加压沥水，再用2度白醋腌渍1天，便捞起沥去醋液。

(6)醋渍:用姜片重0.01％的胭脂红食用色素,倒入开水后等分成数份,姜片也同样等分成相应份数,倒入盆中分别拌均匀,每隔半小时翻拌一次,数次后可合倒入缸中放置1天,让色素渗入姜肉内。

(7)糖渍:按姜的重量0.8％～1.1％比例加糖腌制,加糖时分3次进行,每次加入1/3,第3次留出约2.5千克糖。每隔1天加糖一次,第3次加糖要腌制4～5天,再将糖液全部倒出加入剩下的2.5千克糖,用文火熬煮90分钟,浓缩后冷却至60℃时倒回姜片中腌渍。再隔4～5天重复倒出糖液熬煮浓缩,时间为60分钟,冷却后倒回姜片中,让姜充分吸糖,即为成品。

(8)产品要求:色泽鲜红;口味清脆凉爽;姜片饱满柔软。

八、蜜制姜丝的加工

1. 工艺流程

鲜姜清洗、去皮、切丝→浸泡→蜜制→成品。

2. 制作过程

(1)清洗、去皮、切丝:选择幼嫩、无虫眼、无伤疤的鲜姜,将生姜用清水洗净,去皮,切成姜丝。

(2)浸泡:把姜丝放入清水里浸1～2天捞起,要注意换清水,避免姜丝变色,同时达到去辣的目的。捞起的姜丝倒入盛有清水的锅中,加热漂洗2分钟后,捞起放入罐里。

(3)蜜制:蜜制姜丝要重复进行,第一次用总糖量的30％,撒在刚捞起的姜丝上,要求白糖与姜丝均匀混合,腌制1～2天。第二次将第一次腌制时流到罐底的糖液倒进锅里,再加入总糖量的30％,加热到沸腾,并趁热泼在罐里的姜丝上,腌制1～2天。将第三次腌制时流到罐底的糖液倒进锅里,再加入剩余的40％的白糖,加热到沸腾,把罐里的姜丝也一同倒入煮制,几分钟后,将表层糖沫去掉即成。

九、姜辣酱的加工

1. 工艺流程

原料选择→腌制→成品。

2. 制作过程

(1)选料:选鲜嫩的生姜和老熟鲜辣椒作为原料。

(2)腌制:将生姜洗净、去皮、晾干、切片,在太阳下晒1~2天,将生姜片晒至9成干。将辣椒去柄洗净、沥干、切碎,磨成辣浆。而且按每100千克姜片,35千克辣浆,25千克白酒,28千克食盐装入瓷缸内。装缸时按一层姜片、一层辣浆、一层盐的顺序重复进行,一直装到距缸口10~15厘米处,再将白酒从缸中慢慢灌下,最后密封缸口,经25~30天可腌制完成。

十、酸姜的加工

1. 工艺流程

晒制→酸制→成品。

2. 制作过程

(1)晒制:将金黄、肉质脆嫩、肥厚的新鲜生姜洗净,切成块状,晒干或烘干,以100千克鲜姜干燥至60~65千克为度。

(2)酸制:按每100千克干姜块加食醋35千克、食盐10千克、花椒1千克制成酸汁,倒入缸内于低温处浸淹,在浸淹过程中每天搅拌1~2次,使姜块尽量均匀腌渍。腌渍15天即可得到酸姜成品。

(3)产品色泽深黄,滋味酸辣,爽脆,姜味突出,即可直接用来佐餐,也可用作烹调的调味品。

十一、葱酥姜的加工

1. 工艺流程

原料选择→洗涤、切片→浸泡→配料、煮制→干燥→成品。

2. 制作过程

(1)原料:肉质肥嫩的鲜姜。

(2)洗涤、切片:姜用清水洗净,刮去外皮,横切成大块,厚约1厘米。洋葱去皮,洗净。

(3)浸泡:姜块用饱和的石灰水浸泡1小时,再投入3%的明矾水中,酌量加入红色素,浸泡8小时,捞出,沥干。

(4)洋葱打浆:洋葱切碎,打成细浆。

(5)配料、煮制:取姜块25千克、砂糖18千克、糖精0.02千克,加清水12千克一同入锅煮沸到100℃。随时补加少量水,维持此沸点温度20分钟。加进洋葱细浆7.5千克,继续煮沸,直到结成浓稠团块状时,停止加热,缓慢搅拌冷却。

(6)干燥:把姜片放在烘盘中,入烘干机,以60℃烘干。干燥后使含水量在12%以下。

(7)包装:用食品塑料袋密封包装。

十二、糖梅姜的加工

1. 工艺流程

原料选择→腌渍→热蒸、打浆→制干姜粉→加糖、甘薯粉→配料处理→烘制→成品。

2. 制作过程

(1)原料选择:选用鲜嫩姜和鲜老姜,比例为 4∶3,去除病虫姜。用清水洗净,刮去浮皮。

(2)腌渍:用相当于姜重 25% 的粗盐,把姜盐渍 14 天。取出晾到半干。再在盐水中加入适量柠檬酸,再腌 7 天后取出。

(3)热蒸、打浆:把姜入锅,用蒸汽蒸 12 小时,蒸透为止。蒸后移出,冷却,打碎,入打浆机打成细浆。

(4)制干姜粉:将打好的细姜摊放在烘盘上,入烘干机在 65~70℃ 下烘干,即成干姜粉。

(5)加糖、甘薯粉:将纯净的甘薯干片打成细粉,过筛去粗。加约 35% 的清水把甘薯粉潮润,上蒸煮锅用蒸汽蒸 5 分钟,移出,冷后打松。再上蒸煮锅蒸 5 分钟,移出,趁热拌进 10% 切细碎的优质黄片糖,拌匀、散开。

(6)配料处理:将柠檬盐坯沥去汁液,切开,除核,用清水浸漂后,加水煮 5 分钟,移出,沥水,切碎,入打浆机打成细浆。甘草加水 1.7 倍煮半小时,过滤取汁。

(7)配香料粉:用丁香、肉桂、五香粉调合成香料粉。按比例配合物料:姜粉 13%、加糖甘薯粉 27.5%、甘草 1.2%、黄糖 20%、砂糖 18.5%、柠檬坯 18.5%、甘草粉 0.8%、香料 0.5%。把甘草汁加入,后拌入柠檬坯浆,全部混合,揉捏成团。

(8)烘制:把团块摊在烘盘上,压成 1.5 厘米厚的薄层,放入烘干机,用 65℃ 烘到软润状态为止。冷却后成型,含水量在 20% 以下。

(9)包装:把成型块切成小粒,用炒熟的面粉扑粘表面,然后用塑料袋真空包装。

十三、冰姜的加工

1. 工艺流程

原料选择→整理、掰块→一次浸泡→刨片→二次浸泡→压榨→姜坯晾晒→糖渍→晾晒→成品。

2. 制作过程

(1)原料选择:挑选色泽黄亮、无疤、鲜嫩、个体均匀的鲜生姜作为冰姜的原料。

(2)整理、掰块:先将鲜姜去芽、掰块、洗净,搓去姜皮。

(3)一次浸泡:将去皮的生姜用清水浸泡32小时,每隔3~4小时换水一次。

(4)刨片:将浸泡过的生姜捞出,沥去浮水,用刨刀刨片,姜片呈椭圆形,厚度约1.5毫米左右。

(5)二次浸泡:将姜片用清水洗去姜末,再用3倍重量的清水浸泡48小时,其间每8小时换一次水,以姜片泡至柔韧、弯折不断为度。

(6)压榨:将浸泡好的姜片捞出,沥去浮水,然后压榨除水。以鲜姜片计,收得率40%左右。

(7)晾晒:将姜坯放在木盒或不锈钢盒内晾晒,晾晒至姜片呈微白色。

(8)糖渍:共进行5次,每次用糖量占总用糖量的比例,第一次为15%,第二、三、四次各为20%,第五次为25%。操作方法中将晾晒后的姜片与绵白糖拌和均匀,摊入盒内暴晒,待糖液溶化,渗入姜片,触之粘手时,再次拌糖暴晒,反复如此。暴晒时,要经常翻动,并将粘连的姜片拉开。第五次拌糖后,要暴晒至干,再置于低温通风处干燥,即可装塑料袋密封储存。120千克鲜姜可产成品

100千克。

(9)质量要求:色泽白如雪、亮如冰;具有姜特有的气息;甜而微辣;片形整齐,厚薄均匀,不粘连;质地柔韧。

十四、风味姜泡菜的加工

1. 工艺流程

原料→挑选→清洗→沥干→盐腌→入坛泡制→切分→拌调味料→装袋→真空密封→杀菌冷却→检验包装。

2. 制作过程

(1)挑选与清洗:选粗大、无腐烂的新鲜姜除去粗老、褐变等不合格的部分,再用清水洗干净。

(2)沥干:沥干时应挤去姜中部分水分,以使其泡制时辅料汁易渗入。

(3)盐腌:按原料重量加入6%~8%的食盐,拌匀压紧,预腌24~48小时。预腌中生姜的涩味物质随卤水一起沥出,可减轻涩味、苦味。

(4)入坛泡制

①容器选择:选择传统泡菜坛作为发酵容器,泡菜坛以无裂纹、无砂眼的老坛为佳。

②配制泡菜水原料比为1∶1,入坛后再加适量老泡菜水。

③入坛泡制:将经预腌的原料有顺序地装入坛内,装至离坛口6~10厘米处,用面积较大的薄膜袋封口,盖好坛盖,让其自然发酵。自然发酵一定时间后,当泡姜含酸量达0.4%~0.8%时,发酵成熟,即应捞出。

(5)切分:将捞出的姜沥去水分,用不锈钢刀将泡姜切片。切片应厚薄均匀,大小相当。

(6)拌调味料:在切完的姜片中放人2%～3%白砂糖、0.1%～0.5%味精、0.1%～0.3%混合香料。

(7)装袋:均匀拌调味料后应及时装袋,中间不得超过2小时,包装材料应用密封性好、能耐100℃高温的复合薄膜袋,将成品通过特制的漏斗挤入袋内,以避免影响封口质量。最后真空密封。

(8)杀菌冷却:杀菌方法可用巴氏杀菌法。在100℃恒温下杀菌5～10分钟。杀菌结束后迅速置于冷水中冷却至38℃左右。杀菌前,检查剔除涨袋、漏袋。

十五、出口干姜块(片)的加工

1. 工艺流程

选料→晾晒→去皮→烘烤→包装→成品。

2. 制作过程

(1)选料:选块大、结实、饱满、未经霜冻、不霉不烂的黄皮姜或大肉姜作原料,老母姜(种姜)不宜选用。

(2)晾晒:将鲜姜洗净,用竹刀刮皮,冲洗干净后放在草席上晾干表面水分。

(3)去皮:刮皮时不能用金属刀,以免姜中的单宁发生化学反应变黑变味;也不能用力过度将姜肉刮下,否则烤出的姜块纤维外露,质量下降。刮皮姜块晾5～8小时后,即可开始烘烤。

(4)烘烤:烘姜燃料最好选用含硫量低的无烟煤。烘烤第一天,温度在80～90℃之间,保证姜块水分蒸发快一些,减少糖化的机会。第二天烘温降至70～80℃,第三天60℃,第四、五天烘温维持在50℃左右,经5天烘烤即得成品。

烘烤过程中翻姜使用的工具应是竹木制品。通常2小时翻动一次,尽量把底层的姜块翻上来,注意不要将姜块弄碎。烘烤3天后,已有六七成干,数量较多时按烤干度分开烘烤。进行分烘后的温度不超过 60℃。当姜块表皮干白,但手折不断又带一些柔性时(此时姜片含水量约为 20%),在姜面上盖上草席或麻袋片保温,使之呈现出白色。

(5)包装:经烘烤 5 天后,在温度较低的地方取出一块干姜,当用手折时发出脆声,断身、断面有几根姜丝(含水量已低于 10%),即可装入麻袋。装好后放在烘房内,2 天内若无反潮现象,即可取出装箱交售给收购部门。

(6)成品要求:出口干姜块要求干爽清洁,色白微黄,无红黑杂色,表面光滑,形状完整,味香辣,无虫口,无枯焦,含水量在 10% 以下,含硫量不超过 0.5%。

十六、生姜油的加工

从生姜中提炼出的生姜油,具有行气开窍、通血驱毒等功效,芳香独特,不仅可用于调味、腌渍、提取香精等,还是现代食品、医药和轻工业的新型用料,在国内外市场颇受欢迎。加工优质姜油原料易得、成本低廉、效益显著,市场前景广阔。

1. 工艺流程

选料→洗净、刮皮→切片→烫漂→切片→糖渍→糖煮→拌糖→成品。

2. 制作过程

(1)选料切片:挑选无虫蛀、无霉烂、未发芽的鲜生姜作原料,除去须根,用刀切成 4~5 毫米厚的生姜片。

(2)烘晒干燥:将切好的生姜片用隧道式干燥机或烘房烘干,烘房温度为 60~65℃,时间为 6~8 小时。也可置于竹帘上在太阳下晒干,晒的时间约 5~6 天。一般每 100 千克鲜生姜片,可制成干生姜片12~13千克。

(3)粉碎过筛:用粉碎机将干生姜片粉碎成粉末,并用20目筛过筛。筛上的粗粉末可继续粉碎过筛。

(4)蒸馏冷却:准备好不锈钢蒸锅,蒸锅中放箅子,箅子上铺一层纱布,纱布上疏松地铺上干生姜粉;干生姜粉表面与上一层箅子之间保留一定的空隙,以利于水蒸气通过。蒸锅中装好干生姜粉以后,在蒸锅的蒸馏管上接上冷却器,要注意保持冷却器的进、出水高度差,进水高,出水低。最后,从蒸锅下通上蒸汽,使蒸汽压力保持0.12~0.13MPa。由于蒸气的高温作用,使生姜粉中的生姜油汽化,随水蒸气从蒸馏管进入冷却器,冷却成油水混合物。

(5)油水分离:用油水分离器在冷却器出口处收集油水混合物,经静置后,油水便自动分离;再经去水后,即为生姜油。一般每100千克生姜粉,可提取生姜油3~4千克。

(6)包装:根据市场需求进行。

附录

附录一 姜生产栽培技术规程
（山东莱芜）

1 范围

本部分规定了无公害生姜栽培方式、产量结构、各生育期技术与管理及收获贮藏期技术要求。

本部分适用于无公害生姜标准化保护地高产栽培。

2 规范性引用文件

SB/T 10160—1993 中华人民共和国商业行业标准姜。

GB 2763 粮食、蔬菜等食品中六六六、滴滴涕残留量标准。

3 产量结构

3.1 地膜栽培地块：亩产鲜姜 3500～4000 千克。

3.2 前期地膜保护，后期拱棚延迟地块：亩产鲜姜 5000 千克以上。

3.3 亩株数 5500～6000 株（行距 60～65 厘米，株距 18～20 厘米）。

3.4 单株产量

3.4.1 地膜栽培地块：单株重 0.6～0.8 千克。

3.4.2 前期地膜保护，后期拱棚延迟地块：单株重 0.8～0.9

千克。

4 生育进程

项　目	播种至出苗	分枝期	姜块膨大期	收获期	全生期（天）
地膜栽培	4月上旬～5月中旬	5月下旬～6月下旬	8月上旬～10月下旬	10月下旬	185～195
地膜加拱棚延迟	4月上旬～5月中旬	5月下旬～6月下旬	8月上旬～10月下旬	11月中旬	205～215

5 播前准备

5.1 选择地块。选择土质肥沃，水浇条件好，无姜瘟病地块。

5.2 精细整地。进行冬耕，早春精细耙地。

5.3 配方施肥。结合整地每亩撒施优质腐熟鸡粪3～4方，或优质圈肥2500～5000千克做基肥，按60～65厘米行距开沟备播，沟施豆饼（大豆）75千克，生物有机复合肥80千克，硫酸钾30千克，锌肥2千克，硼肥1千克做种肥。

5.4 精选姜种，培育壮芽。

5.4.1 精心选种：于适期播种前30天左右从窖内取出种姜，清水冲洗后，选用姜块肥大、丰满、皮色光亮、肉质新鲜、不腐烂、未受冻、质地硬、无病虫害的健康姜块作种。按种姜块重75克左右标准，每亩备种姜500千克左右。

5.4.2 晒姜困姜：于晴天上午8、9点进行晒姜，晚上收起，重复2～3次，至姜皮发白发亮。晒困过程中，注意严格淘汰表皮干瘪皱缩、色泽灰暗的姜块，确保姜种质量。

5.4.3 炕姜催芽：对精选、晒、困后的姜种，用高效低毒杀菌剂浸种，晾干后上炕催芽，催芽温度掌握在22～25℃，20天后，待姜芽生长至0.5～1厘米时,按姜芽大小分级备播。

6 播种至出苗期

6.1 适期早播:地膜栽培可于4月上旬播种。

6.2 化学除草:盖膜前用除草剂33%施田补乳油、24%果尔乳油或其他适合生姜生产的除草剂兑水喷施。

6.3 地膜覆盖:选用厚度0.005～0.006毫米,宽240～340厘米规格地膜覆盖。

6.4 适当稀植:高产地块每亩5500株左右,行距60～65厘米,株距不小于20厘米。中肥水地块行距60厘米,株距18厘米,每亩5500～6000株。

6.5 适时遮荫。生姜出苗达50%时,及时进行姜田遮荫。

6.5.1 遮阳网遮荫。

6.5.1.1 高位棚式遮阳网:利用水泥柱、竹杆扎成2米高拱棚架,扣上遮光率为30%的遮阳网。

6.5.1.2 条幅立式遮阳网:将幅宽60～65厘米,遮光率为40%的遮阳网(或农膜打孔遮阳网),成幅立式拉于生姜行间,用竹、木固定。

6.5.1.3 用有色地膜代替遮荫物地面覆盖。

6.5.1.4 因柴草多带病虫残体,不利姜田病虫防治,应尽量减少柴草遮荫。若必须应用时,要提前10－20天进行药剂处理,杀灭虫、卵,减少越冬残虫基数。

7 生长中后期

7.1 重施分枝肥,补施叶面肥。7月中下旬结合撤除遮荫物,开沟追施生物肥100～150千克,豆饼(大豆)50千克,硫酸钾30千克,追肥后及时浇水。9月中下旬根据姜苗长势,进行叶面追肥,每7～10天喷一次,连喷3～4次。

7.2 及时浇水,分次培土。在姜苗70%出土后,根据天气、土壤质地及土壤水分状况浇水。苗期不宜浇水太勤,以膜下浇小水为宜。夏季浇水以早晚为好,且忌中午浇水。注意雨后及时排水。立秋前后,生姜进入旺盛生长期,需水量增多,需4～5天浇一次,始终保持土壤的湿润状态。收获前3～4天浇最后一次。自施用分枝肥后,根据生姜生长情况,及时进行分次培土2～3次。

8 病虫害防治

8.1 主要病害:主要病虫害包括姜瘟病、斑点病、病毒病等,主要害虫包括蛴螬、蝼蛄、金针虫、地老虎、蛆、蝇等地下害虫,螨类、菜青虫、姜螟虫等。

8.2 防治原则:以防为主,综合防治。优先采用农业防治、物理防治、生产防治,配合科学合理使用化学防治,达到生产安全优质无公害大姜的目的。不应使用国家禁止的高毒、高残留、高生物富集性、高三致农药及其混配农药。

8.3 农业防治

8.3.1 选用抗病虫品种:选用抗病虫性强的品种是经济有效地防治病虫害的措施。

8.3.2 合理布局,实行轮作倒茬,加强中耕除草,清洁田园,降低病虫源数量。

8.3.3 种子消毒。用72%农用链霉素可溶性粉剂4000倍液或新植霉素4000～5000倍液浸种。

8.3.4 使用脱毒种苗:使用脱毒种苗是防治大姜病毒病的基础。此外使用脱毒原种苗可以有效防止线虫危害发生。

8.3.5 药剂防治

8.3.5.1 禁止使用国家明令禁止的高毒、剧毒、高残留的农药及其混配农药品种。有限度地使用部分有机合成农药。禁止使用的高毒、剧毒农药品种有甲胺磷、甲基对硫磷、对硫磷、久效磷、磷胺、甲拌磷、甲基异硫磷、特丁硫磷、甲基硫环磷、治螟磷、内吸磷、克百威、涕灭威、灭线磷、硫环磷、蝇毒磷、地虫硫磷、氯唑磷、苯线磷、六六六、滴滴涕、毒杀芬、二溴氯丙烷、杀虫脒、二溴乙烷、除草醚、艾氏剂、狄氏剂、汞制剂、砷、铅类、敌枯双、氟乙酰胺、甘氟、毒鼠强、氟己酸钠、毒鼠硅等农药。

8.3.5.2 使用化学农药时,应执行 GB 4286 和 GB/T 8321(所有部分)相关标准,参照执行 NY/T 393 绿色食品、农药使用准则。

8.3.5.3 合理混用、轮换交替使用不同作用机制或具有负交互抗性的药剂,防止和延迟病虫害抗性的产生和发展。

8.3.5.4 防治炭疽病可选用80%的炭疽福美可湿性粉剂800倍液喷雾。

8.3.5.5 防治病毒病可选用20%病毒A可湿性粉剂600倍液,或1.5%植病灵乳油1000~1500倍液喷雾。

8.3.5.6 防治姜螟可用52.25%农地乐乳油,或4.5%高效氯氰菊酯乳油1500~2000倍液喷雾,或1.8%阿维虫清1500倍液喷雾。

8.3.5.7 防治小地老虎用糖、醋、白酒、水和90%的敌百虫晶体按6∶3∶1∶10∶1调匀,撒于田间诱杀成虫;或将炒香的麦麸或豆饼5千克,配以90%敌百虫晶体200克,加水湿,撒于田间诱杀幼虫。

9 适时收获

9.1 适当晚收:初霜后10~15天(姜叶被霜后)收获。

9.2 拱棚延迟:初霜前在姜田架起拱棚,扣上农膜保护延时,使生姜生长期延长20~30天收获,可平均亩增生姜35千克以上。

10　井窖贮藏

生姜入窖前,彻底清扫姜洞及窖底。用百菌清、多菌灵等杀菌剂及敌敌畏杀虫剂对井窖进行杀菌、杀虫处理。生姜入窖结束后,用农膜平铺于井底,堆放3～5千克麦草,倒入0.25千克80%敌敌畏原液,熏杀姜蛆成虫,防止姜蛆发生。也可用辛硫磷颗粒剂(严禁应用六六六粉)。于小雪前后封井口。人员入窖前要注意先通风,防止伤亡事故发生。

11　产品安全控制措施

11.1　严禁在生姜生产中使用高毒、高残留农药,推广使用生物农药、生物有机复合肥料。

11.2　严格执行国家标准中及本规程中规定的施药量。

11.3　严格执行农药安全间隔期。

11.4　生姜应经过农药残留检测合格。

12　产品标志、包装、运输和贮藏

12.1　包装物上应标明无公害产品标志、产品名称、产品的标准编号、生产者名称、产地、规格、净含量和包装日期等。

12.2　包装(箱、筐)要求大小一致、牢固,包装容器应保持干燥、清洁、无污染。塑料箱应符合相关标准的要求。

12.3　应按同一品种、同一规格分别包装。每批产品包装规格、单位、质量应一致。每件包装的净含量不得超过20千克,误差不超过2%。

12.4　生姜收获后应就地修整,及时包装、运输。运输时做到轻装、轻卸、严防机械损伤,运输工具要清洁、无污染,运输中要注意防冻、防晒、防雨淋并注意通风换气。

附录二 姜生产施肥技术规程
（山东莱芜）

1 范围

本部分规定了无公害生姜生产的施肥技术要求、土壤环境质量的各个项目及其浓度限值和试验方法。

本部分适用于无公害生姜的标准化生产。

2 规范性引用文件

GB 15063—2001 复混（合）肥料质量标准。

GB/T 17767.1—1999 有机-无机复混肥料中总氮含量的测定。

GB/T 17767.3—1999 有机-无机复混肥料中总钾含量的测定。

NY 227—1994 微生物肥料。

GB 15618 土壤坏境质量标准。

GB/T 16488 水质石油类和动植物油的测定 红外光度法。

GB/T 17134 土壤质量总砷的测定 二乙基二硫代氨基甲酸银分光光度法。

GB/T 17136 土壤质量总汞的测定 冷原子吸收分光光度法。

GB/T 17137 土壤质量总铬的测定 火焰原子吸收分光光

度法。

GB/T 17138 土壤质量铜、锌的测定 火焰原子吸收分光光度法。

GB/T 17141 土壤质量铅、镉的测定 石墨炉原子吸收分光光度法。

NY/T 395 农田土壤环境质量监测技术规范。

3 施肥技术措施

3.1 施肥原则：根据生姜需肥规律、土壤养分含量状况和肥料效应，通过土壤测试，确定相应的施肥量和施肥方法，按照有机与无机相结合、基肥与追肥相结合的原则，实行平衡施肥。

表1 姜地土壤养分肥力分级表

肥力等级	土壤养分测试值			
	有机质(%)	碱解氮(mg/kg)	速效磷(mg/kg)	速效钾(mg/kg)
低肥力	<1.2	<60	<15	<80
中肥力	1.2~2	60~100	15~40	80~120
高肥力	>2	>100	>40	>120

表2 生姜需肥量

肥力等级	目标产量（千克/亩）	生姜需肥量(千克/亩)		
		氮(N)	磷(P_2O_5)	钾(K_2O)
低肥力	<2000	21	5.5	30
中肥力	2500~3500	26~42	9~14	35~50
高肥力	4000~5000	45~54	15~17	50~70

3.2 施肥方法

3.2.1 结合整地，施足基肥。选择土壤肥沃、水浇条件较好、无姜瘟病地块,进行冬耕,早春进行精细整地。结合整地每亩撒施优质腐熟鸡粪3~4方或优质圈肥2500~5000千克做基肥,按60~65厘米行距开沟备播,沟施豆饼75千克,生物有机复合肥80千克,硫酸钾30千克,锌肥2千克,硼肥1千克做种肥。

3.2.2 适时追肥:生姜生长期长,需肥量大,除施足基肥外,应分期进行追肥,以满足生姜生长对养分的需要。在中等肥力条件下,每亩需施氮25~30千克,磷8~10千克,钾30~35千克,分别在3次追肥中施用。

3.2.2.1 追施"壮苗肥"又称"小追肥",通常于苗高30厘米左右并具1~2个小分枝时,进行第一次追肥。每亩可施生物有机肥40千克。

3.2.2.2 "大追肥"或"转折肥",立秋前后,结合拔除姜草或拆除姜棚,将肥效持久的农家肥与速效化肥结合施用,进行第二次追肥。每亩可施细碎饼肥70~80千克或腐熟优质鸡粪2500千克,生物有机肥100~150千克。

3.2.2.3 "补充肥",9月上旬,当姜苗具有6~8个分枝时,可根据植株长势,酌情进行第三次追肥,称为补充肥。对土壤肥力差和植株长势一般的姜田,每亩可施速效肥料30千克,也可进行叶面追肥,每7~10天喷一次,连续喷施3~4次。对土壤肥力较好、植株长势旺盛的姜田,需酌情少施或不施,以免茎叶徒长,影响根茎膨大。

3.2.3 不应使用工业废弃物、城市垃圾和污泥。不应使用未经发酵腐熟、未达到无公害化指标的人畜粪尿等有机肥。

3.2.4 选用的肥料应达到国家有关产品质量标准,满足无公害生姜对肥料的要求。

附录A(规范性附录)

有机肥肥料无害化卫生标准(NY/T5004—2001)。

项 目		卫生标准及要求
高温堆肥	堆肥温度	最高堆温达 60~66℃,持续 6~7 天
	蛔虫卵死亡率	96%~100%
	粪大肠菌值	10^{-1}~10^{-2}
	苍蝇	有效地控制苍蝇孳生,肥堆周围没有活的蛆、蛹或新羽化的成蝇
沼气发酵肥	密封储存期	30 天以上
	高温沼气发酵温度	(63±2)℃持续 2 天

附录 B(资料性附录)

莱芜市生物有机肥、叶面肥推荐施用产品:

(1)中日合资莱芜同心生物工程有限公司生产的鼎泰牌酵素菌生物肥。

(2)江苏兴澄惠满丰有机肥有限公司生产的惠满丰精制有机肥。

(3)济南鑫盛达生物工程有限公司生产的绿鲁牌复合微生物肥。

(4)青岛绿洲源新技术有限公司生产的格林特有机肥。

(5)石家庄曙光化肥厂生产的多元牌腐殖酸复混肥。

(6)山东海化钾肥厂生产的海蕾牌硫酸钾。

(7)叶面肥:活力多效素、万灵有机叶面肥。

参 考 文 献

1. 王荣栋,等. 作物栽培学. 北京:高等教育出版社,2008
2. 赵德婉. 生姜高产栽培. 北京:金盾出版社,2010
3. 艾希珍. 生姜高产高效栽培技术. 北京:中国农业出版社,2004
4. 罗天宽,张小玲. 生姜脱毒与高产高效栽培. 北京:中国农业出版社,2009
5. 孔娟娟,陈诗平,郭书普. 生姜高产关键技术问答. 北京:中国林业出版社,2008
6. 沈康荣. 黄姜开发与种植技术. 武汉:湖北科学技术出版社,2005
7. 张友德. 黄姜优质栽培新技术. 北京:金盾出版社,2005
8. 湖北省农业科学院蔬菜科技中心. 教你种生姜. 武汉:湖北科学技术出版社,2006

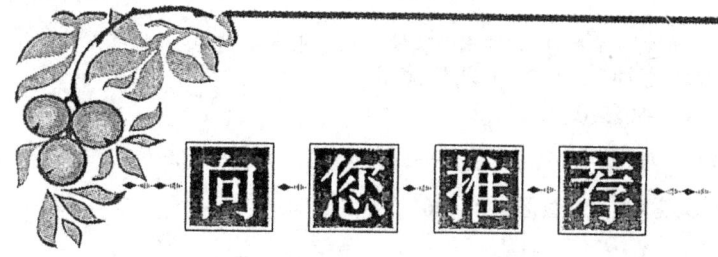

向您推荐

蔬菜水果种植类

马新立谈有机蔬菜生产与认证	20.00
甘薯、马铃薯高产栽培与加工技术	20.00
仁用扁桃栽培与加工利用技术	12.00
林下经济作物种植新模式	22.00
优质无公害鲜枣标准化生产新技术(修订版)	22.00
油菜隐性核不育研究与利用	55.00
日光温室小型西瓜高效栽培技术	13.00
莲藕无公害栽培加工技术(问答)	19.00

注:邮费按书款总价另加 20%

图书在版编目（CIP）数据

"姜王"是这样种姜的：姜的丰产栽培技术 / 韦春爱主编. —北京：科学技术文献出版社，2011.2（2024.12 重印）

ISBN 978-7-5023-6870-8

Ⅰ.①姜… Ⅱ.①韦… Ⅲ.①姜—蔬菜园艺 Ⅳ.①S632.5

中国版本图书馆 CIP 数据核字（2011）第 014841 号

"姜王"是这样种姜的：姜的丰产栽培技术

策划编辑：李　洁　责任编辑：李　洁　责任校对：唐　炜　责任出版：张志平

出　版　者	科学技术文献出版社
地　　　址	北京市复兴路15号　邮编 100038
编　务　部	（010）58882938，58882087（传真）
发　行　部	（010）58882868，58882870（传真）
邮　购　部	（010）58882873
官方网址	www.stdp.com.cn
发　行　者	科学技术文献出版社发行　全国各地新华书店经销
印　刷　者	北京虎彩文化传播有限公司
版　　　次	2011年2月第1版　2024年12月第6次印刷
开　　　本	850×1168　1/32
字　　　数	135千
印　　　张	5.75　彩插4面
书　　　号	ISBN 978-7-5023-6870-8
定　　　价	15.00元

版权所有　违法必究

购买本社图书，凡字迹不清、缺页、倒页、脱页者，本社发行部负责调换